U0197795

UNIVERSE

宇宙

杜空 著

团结出版社
UNITY PRESS

图书在版编目（CIP）数据

宇宙 / 杜空著. -- 北京 : 团结出版社，2015.1
ISBN 978-7-5126-3412-1

Ⅰ. ①宇… Ⅱ. ①杜… Ⅲ. ①宇宙－研究 Ⅳ.
①P159

中国版本图书馆CIP数据核字(2015)第008601号

宇宙

出　版：团结出版社
（北京市东城区东皇城根南街84号　邮编：100006）
电　话：（010）65228880　65244790
网　址：www.tjpress.com
E-mail：65244790@163.com
经　销：全国新华书店
印　刷：北京华忠兴业印刷有限公司

开　本：880×1230　1/32
字　数：168千字
印　张：6.75
版　次：2015年4月第1版
印　次：2015年4月第1次印刷

书　号：978-7-5126-3412-1
定　价：28.00 元

目录

YUZHOU

上篇

1　地　球 …………………………………………… 001

2　太阳系 …………………………………………… 005

3　银河系 …………………………………………… 011

4　原　子 …………………………………………… 020

5　中　子 …………………………………………… 023

6　夸　克 …………………………………………… 032

7　大爆炸宇宙 ……………………………………… 036

目录

YUZHOU

中篇

1 子宇宙 …………………………………………… 051

2 宇　宙 …………………………………………… 062

3 第一宇宙属性 …………………………………… 071

4 第一宇宙定律 …………………………………… 083

5 第二宇宙属性 …………………………………… 093

6 第二宇宙定律 …………………………………… 097

目录

YUZHOU

下 篇

1	宇宙论	123
2	绝对时空论	130
3	相对时空论	139
4	异常时空现象	146
5	地球人	155
6	外星人	159
7	飞 碟	171
8	麦 圈	178
9	宇航梦	185
10	黑 洞	195
11	相对论	212
12	量粒论	226
13	M 理论	239

宇宙
上篇

1、地 球

传说，太初原始宇宙，像鸡蛋似的。

最终，被盘古辟裂开。那么，一些清微东西，上浮弥漫时，呈现圆穹天。并且，一些浑浊东西，下降沉积时，呈现坦厚地。

宇宙，看起来形态，天圆地方的。

所以，盖天说认为，跟斗笠似的，天穹隆圆形，凭柱梁撑支；跟覆盘似的，地坦厚方形，靠经纬缀系。虽然，大地是静止的。然而，在苍穹上，包括日星月辰，一切天球体，绕北极星旋转。

如果，天斗笠样子，地覆盘似的。那么，天地宇宙间，不难想象残缺的。因为，可谓斗笠天，不能罩满地。并且，可谓覆盘地，不能撑稳天。

所以，东汉时期，科学家张衡，创浑天假说，鸡蛋体模型。科学家张衡认为，可谓外层天，呈椭圆球状，南北短，东西长，像鸡蛋壳；可谓内核地，呈满圆球形，体积小，密度大，像鸡蛋黄。甚至，科学家张衡认为，可谓弥漫空气，呈现载腾效力。最终，天地浮旋状的。譬如，一方面日星月辰，绕北极斗，不断旋转运动，看起来春归秋去；一方面日星月辰，绕地球体，不断旋转运动，看起来暮辞朝至。显然，浑天说观点，大地圆球状，不是坦方的；天穹薄壳形，反倒封闭的。终归，天地鸡蛋球体，不过是宇宙部分。

　　公元前340年，希腊哲学家，亚里斯多德认为，大地圆球体的，不是坦板块。因为，一方面来说，亚里斯多德观察，发现月食阴影，呈圆圈形态。如果，大地坦盘状。那么，大多数时候，月球投射影，被拖扁拉长，应该是椭圆形的。除非月食时，太阳运动点，在坦盘核心；一方面来说，亚里斯多德观察，发现北极位置，不是固定的。譬如，从希腊地区，观测北极星，发现悬挂空中。然而，从埃及地区，观测北极星，发现降落地边。显然，对地球来说，若坦厚方整的。终归，北极星位置，不能弧线移动。并且，依据北极星视差，亚里斯多德估计，可能地球周长，40万斯特迪雅。甚至，亚里斯多德认为，地球静止的，应该是宇宙中心。包括月亮、太阳和繁星，

上
篇

沿圆圈轨道，绕地球运动。归根结底来说，亚里斯多德相信，可谓圆周运动，应该是最绝美的。

最终，公元140年，天文学家托勒密，创宇宙模型认为，可谓地球体，应该是宇宙中心。终归，持续静止的。那么，在地球圈外，分别是月亮、水星、金星、太阳、火星、木星、土星和恒星。并且，无数恒星体，在最遥远的，天球壳上，被镶嵌限定。托勒密认为，一方面行星体，本轮轨道上，绕轴线运动；一方面行星体，均轮轨道上，绕地球运动。当然，包括月亮、太阳和恒星，沿地球缘边，对应圆周轨道上，匀速运动的。甚至，托勒密相信，天球壳外，可能是宇宙缘边。或许，含天堂和地狱。

现在，归根结底来说，地球椭圆体，不是宇宙中心。一方面地球体，绕轴线自转，呈昼夜替交；一方面地球体，绕太阳公转，呈春秋轮回。地球，大概46亿年前，一次性形成的。推测地球周长，可能4万公里；推测地球重量，可能 5.98×10^{24} 千克。包裹地球的，气体圆圈层，呈现温室效应。显然，除二氧化碳和水蒸气。终归，主要是氮氧成分。那么，在地球上，大多数是海洋，反倒陆地少。并且，凭借地震波探测，发现椭圆体内，可谓结构简单。外层地壳，平均厚32公里，由花岗玄武岩构成的，含硅、铝、镁和铁元素；中层地幔，平均厚2865公里。上地幔是橄榄石成分，大概温度1500℃。下地幔是硅镁矿成分，大概温度 3500℃；内层地核，半径厚 3470 公里。估计，外地核液态的。或许，内地核固态的。然而，一概是铁镍成分。推测地核温度，可能最高 6880℃。

上
篇

2、太阳系

　　1514 年，天文学家哥白尼，创日心说认为，太阳是静止的，在宇宙中心。并且，哥白尼认为，在宇宙里面，包括地球、月亮和恒星，一切天体类，对应圆周轨道上，绕太阳旋转，匀速运动的。甚至，哥白尼认为，可谓恒星天，在遥远地方，应该算宇宙缘边。所以，看起来苍穹壳，呈昼夜旋动，大概地球自转造成的；看起来恒星体，呈春秋移动，大概地球公转造成的。

　　并且，公元 1609 年，天文学家伽利略，凭借望远镜，观测苍穹时，发现卫星体，跟月亮似的，绕木星转动。显然，不像托勒密模型限定的，一切天体类，绕地球运动。天文学家伽利略，发现盈缺效应。当金星面，近圆盘时，直径线越短。虽然，看起来最亮的；当金星面，近峨眉时，直径线越长。虽然，看起来最暗的。终归，伽利略认为，跟朔望月似的。如果，离地球越近。那么，对应金星面越大。当然，直径线越长。然而，被照亮部分，不难想象越少。像峨眉样子，看起来暗淡的。如果，离地球越远。那么，对应金星面越小。当然，直径线越短。然而，被照亮部分，不难想象越多。像圆盘样子，看起来明澈的。所以，伽利略相信，在宇宙中，一切天球体，绕太阳运动的。当然，包括地球和金星。

甚至，天文学家开普勒，依据第谷资料，发现行星体，沿椭圆轨道，绕太阳运动时，不是均速的。或许，遵循开普勒定律。譬如，一切行星体轨道，应该是椭圆形的。对太阳来说，在椭圆面的，一焦点上。譬如，一定时间内，任何行星体，可谓日径线，平扫面积相等。譬如，一切行星体，公转周期平方，跟轨道径线的，半长轴立方，应该是正比关系。

据说，1687年秋，凭苹果熟落现象。艾撒克·牛顿爵士，发现吸引力。并且，创经典定律，可谓吸引力，跟质量乘积，正比例关系；跟距离平方，反比例关系。方程 $F=Gm_1m_2/r^2$。艾撒克·牛顿相信，地球吸引力，导致苹果落体运动。甚至，太阳吸引力，让行星体，沿椭圆轨道，绕太阳运动。譬如，像地球和金星。因为，对太阳来说，应该是宇宙中心。

现在，归根结底来说，太阳恒星体，不是宇宙中心。

或许，49亿年前，一次性形成的。大概半径70万公里，可能质量1.989×10^{30}千克。太阳，属黄矮恒星，主要结构成分，包括氢、氧、重金属元素。既然，呈高温度和强压力。当然，中央域区，呈现氢－氦链核聚变。估计，像7亿吨氢原子，1秒钟功夫，反应6.9亿吨氦原子。并且，可释能量3.86×10^{26}焦耳。最终，太阳热核变，释放高能量，呈辐射状形式，朝遥远缘边，不断膨胀减少。因为，在体积上，占高能量密度。所以，近核域区，称辐射层；跟烧沸似的，电离氢作用下，凭借热量增多，突破流体稳定，导致热浮降，呈湍流状形式，传递核能量。因为，在体积上，占低能量密度。所以，中腰域区，称对流层；太阳缘边的，大气层部分。包括500公里厚度的，光球能量层，像薄棉衣。大概2500公里厚度的，色球能量层，像玫瑰环。大抵300万公里厚度的，日冕能量层，像银彩带。甚至，太阳活动时，跟喷嚏似的，可吹高速粒子。譬如，像核质子。

可谓太阳系，应该是圆球形的。如果，从吹扫粒子，传播面积来说，半径150亿公里。如果，从远程引力，传递范围来说，半径2.5光年。

在太阳系。无论体积大小，不管质量多少，太阳恒星体，应该是最核心的。那么，大行星部分，除地球体外，包括水星、金星、火星、木星、土星、天王星和海王星。

当然，在卫星部分，包括月亮、泰坦和卡栗斯托类；在彗星部分，包括哈雷、波普和柯璐梓族类。显然，小天体部分，包括契纳、谷蜃和特洛伊星类。并且，除柯伊栢带、奥迩特云类。甚至，含数量上，无限制多的，尘埃、气体和荷离子。

称类地行星的。譬如，包括水星、金星、地球和火星。体积小，密度大。含硅酸地壳，跟铁镍核心。甚至，气体圈层，导致温室效应。小行星带区，主要是岩石和冰水。显然，像契纳、谷蜃和特洛伊体；称类木行星的。譬如，包括木星、土星、天王星和海王星。体积大，密度小。气体结构成分，像氢、氦、氨和甲烷。当然，跟地球似的，含卫星体，像泰坦、柑溧德和坞姆柏隶坭尔。并且，一些冰彗星。那么，在海王星外，分别是柯伊栢带，奥迩特云。不过是冰碎片。

如果，绕太阳公转的，一地球轨迹面，称宇宙黄道。那么，看起来太阳系，一切行星体，在黄道面上。并且，跟太阳赤道圈，大概 7 度倾斜角。当然，像冥王星，呈 17 度夹角。从北极俯瞰，行星体公转，呈逆时针。显然，大多数是右旋的。甚至，太阳吸引力，导致星球运动，遵循开普勒定律。譬如，沿椭圆轨道，绕日运动时。始终，太阳位置限定的，在椭圆焦点上。譬如，离太阳越近时，天体运动快；离太阳越远时，天体运动慢。

1745 年，法国动物学家埠洋，创灾变说认为，可能偶然中，一次彗星碰撞，导致原始的，太阳恒星体，被撕裂破碎。那么，在中央部分，不断旋转下，呈太阳核心；在周围部分，不断旋转下，呈行星球体。并且，40 多亿年演化。最终，呈现太阳系。然而，依据动能守恒定律知道，小质量彗星，无法撞动太阳的。因为，跟雪球似的，去碰掉冰山，不过是碎雪片，被冲刮溅飞。

俘获说认为，太阳吸引力，可捕掉行星体。初始，太阳恒星体，应该是孤零的，在星际游弋。不过运动速度快，1 秒钟功夫，可能 5 公里远。所以，跟鱼网似的，大量星际东西，被吸积云盘中。并且，太阳吸引下，不断高速旋转。那么，绕太阳运动的，一些吸积部分。终归，呈现行星体。甚至，绕行星运动的，一些吸积部分。终归，呈现卫星体。最终，40 多亿年演化，呈现太阳系。

1755 年，哲学家康德，创星云说认为，可谓太阳系，由原始星云，不断演变的。初始，无数固体埃尘，在吸引和碰撞中，持续旋转聚集，呈云盘状态。那么，在中央部分，不断堕落旋转，呈现太阳体；在周围部分，不断抛撒旋转，呈现行星体。1796 年，数学家拉普腊斯认为，大抵原始星云，气体球形的。因为，不断收缩降温，无控制能力，导致辐射离心，呈云盘状态。那么，在周围部分，不断抛撒旋转，呈现行星体；在中央部分，不断堕落旋转，呈现太阳体。甚至，1955年时候，天文学家霍伊尔，创星云假说认为，大概50亿年前，一块$1.2M_日$的，气体尘埃云。因为，在涡湍和塌缩中，持续旋转聚集，呈云盘状态。那么，在中央部分，不断堕落旋转，呈现太阳体。并且，凭借辐射效应，太阳风喷吹，导致周围部分，呈现云盘圈层。譬如，靠太阳近的，称内圈层，半径短，尘埃多，气体少；靠太阳远的，称外圈层，半径长，尘埃少，气体多。当然，不管是埃尘、气体或冰片。始终，不断碰撞运动的。所以，十数亿年演变，持续吸积效应。最终，呈现颗粒状的，一些云星子。跟滚雪球似的，大多数星子，不断抛撒旋转，呈现行星体。在内圈层的，像地球成分，尘埃多，气体少，称类地行星；在外圈层的，像木星成分，尘埃少，气体多，称类木行星。那么，少数碎裂星子，可谓质量和体积小，不断裂解蜕变，小天体类。譬如，像扫帚彗星体。甚至，不规则卫星。或许，一些游荡星子，在掠撞时，导致行星体的，方向和轨道颠变。譬如，一质量$5.4 \times 10^{25} kg$冰片，去碰撞金星体。最终，导致倾斜轨道上，金星运动状态，左旋逆时针。

3、银河系

千百年来，公元地球人，相信苍穹上，一湴雾线条，应该是湍流的，天球银河水。

然而，1609年时候，天文学家伽利略，凭短筒望远镜，发现银河里面，无泪潸流水，反倒是恒星聚集点。因为，无数恒星体，分布线条形的。并且，离地球遥远。所以，看起来湴雾条，像河流似的。

1750年，天文学家赖特认为，在宇宙中，可谓银河系，由恒星体构成的。并且，T·赖特相信，一方面银河系，呈扁盘形的；一方面银河系，呈旋转状的。

甚至，依据恒星数多少。1785年时候，天文学家威廉·赫歇尔，推测银河系，呈扁盘状，中央鼓厚，周缘菲薄，看起来对称性的。太阳，应该是银河中心。

1918 年，天文学家撒普隶认为，可谓银河系，呈透镜球状。并且，依据光周关系，发现恒星体的，大多数聚集区，人马座地方。显然，从地球上，观测银河系，不是辐射对称的。所以，天文学家撒普隶相信，太阳恒星体，不是银河中心。因为，推测银河系，半径 6 万秒差距。太阳，离银河核心，可能 2 万秒差距。

现在，归根结底来说，可谓银河系，不是宇宙中心。并且，推测银河系，应该是 136 亿年前，一次性形成的。质量 $1.4 \times 10^{11} M_日$；直径 10 万光年。在银河系，除地球村，上亿恒星体，大量浓雾云，无数埃尘、气体外。或许，含黑洞、暗能量。虽然，看起来银河系，呈透镜球状。然而，牛顿吸引力，导致地球、太阳和恒星体。甚至，包括银河系。始终，不断旋转运动的。所以，可谓银河系，应该是涡旋结构状态。

从侧面上，观察银河系，呈透镜球状。

银心，看起来椭圆球形，在银河核区。估计，1.5 万光年长。或许，1.2 万光年厚。主要是衰暗恒星体成分。那么，依据射电技术，像 21 厘米谱线，观测 3 千秒差距地方，大量中性氢流，不对称膨胀臂形式，被抛撒射飞，1 秒钟功夫，可能 100 公里远。观测 50 秒差距地方，含电离氢云。譬如，人马座 A。观测 1 秒差距地方，可能是致密核，大概重 300 万 $M_日$。跟黑洞似的，含辐射、红

上篇

外和 X 线。

银盘，看起来扁圆球态，对称轴形式，包裹银河心。估计，8.2 万光年长。或许，2500 光年厚。不是均称的，中央鼓厚，边缘菲薄。譬如，近银心地方，可能 6500 光年厚。近太阳地方，可能 3500 光年厚。主要是星族 I 体成分。譬如，大多数主序星，长周期造父星，太阳恒星体，弥漫星云类。甚至，无数埃尘、气体。像二氧化硅粒、石墨晶体、电离氢、甲烷、氨和水。

银晕，看起来圆球形状，包裹银盘体。或许，直径 9.8 万光年。主要是极端星族 II 体成分。譬如，像球状星团、亚矮星。甚至，气体弥散粒子。

银冕，看起来圆球形的，包裹银晕体。或许，上百光年厚度，电离辐射状。因为，大多数是暗能量物质成分。所以，体积大，密度小。不过质量数多。

显然，在侧视角度上，看起来银河系，含银心、银盘、银晕和银冕结构部分。

从正面上，观察银河系，呈棒旋涡状。

银心，看起来椭圆球形，人马座地方。估计，赤经 17 度。或许，赤纬 − 29 度。大概是银河系，自转对称轴，跟银道面的，几何交叉点。当然，应该是银河能量核心。那么，太空望远镜观察，除超级黑洞，人马座 A 外。相信，含致密恒星体。譬如，人马座 A 缘边，一 S_2 星球体，7

倍 M_日质量。1 小时功夫，可移 1.8 亿公里远。甚至，无数高能辐射流。譬如，人马座 A 里面，不断辐射能量束，千万兆瓦功率。

银臂，看起来亮带似的。螺漩涡状形式，从银核抛弧撒去。主要是星族Ⅰ体成分。譬如，像 G～K 主序星，长周期造父星，超级星团。甚至，二氧化硅粒，中性电离氢。虽然，凭借谱线 21 厘米，射电探测器，发现天鹅-狐狸座间，3 千秒差距臂，离银核最近，不超过 1.3 万光年。并且，在抛旋线上，持续膨胀运动，1 秒钟功夫，可能数百公里远。然而，2005 年美国天文台，凭借红外望远镜，观测银河系，呈棒螺旋状。由英仙和盾牌臂，从银核轴点，不断抛撒构成的。纵然，在银河系，发现嫩稚的，人马和猎户臂。因为，一切银河旋臂，呈较差转动。像雨滴样子，不是连续的。所以，可谓银河系，不能缠绕塌缩的。

银环，看起来圆圈形状，包裹银臂体。显然，一方面银河抛散的。譬如，天鹅座环，大抵旋转范围宽，半径距离长，可能 10 万光年远。大概旋转速度慢，1 秒钟功夫，不超过 50 公里。一方面银河捕掠的。譬如，大犬座环，凭借吸引力，十数亿年中，不断旋转运动。

银云，看起来光柱体的，大致垂旋臂面。主要是等离子，由恒星碰撞爆射，沿银河轴极喷流，延绵数亿公里。推测运动快，1 秒钟功夫，可能数百公里远。

显然，在俯视角度上，看起来银河系，含银心、银臂、银环和银云结构部分。

太阳，不是银河中心。归根结底来说，在银道北方，猎户旋臂上。估计，离银核 2.6 万光年。始终，沿椭圆轨道，绕银核转动，呈逆时针。1 秒钟功夫，可移 250 公里远。显然，1 银河圈时间，大致 2.3 亿年。

在银河系，千亿恒星体中，一些质量小，不够 $0.1M_日$，像红矮星。一些质量大，可能 100 倍样子，像双星 A_1。一些半径短，不够 10 公里，像脉冲星。一些半径长，可能 900 倍样子，像猎户 a。一些温度低，不够 350℃，像棕矮星。一些温度高，可能 35 倍样子，像虫星云。

并且，2 粒数目的，太阳体集合，称双恒星系；3 粒数目的，太阳体集合，称聚恒星系；可谓超 10 粒的，太阳体集合，称恒星团系。譬如，像疏散星团类，上千太阳体构成的，主要是重元素，不超过 10 亿年时间。大多扁盘样子，直径 10 秒差距内。离银道面近，绕核运动快。包括金牛昴星 M_{45}，巨蟹蜂巢 M_{44}。譬如，像球状星团类，百万太阳体构成的，主要是轻元素，最起码 100 亿年时间。大多圆球样子，直径 100 秒差距外。离银道面远，绕核运动慢。包括蛇夫心宿 M_{19}，人马礁湖 M_8。可谓超级星团类，在年龄上，比球状星团小。在质量上，比疏散星团大。不规则结构形态，直径 20 秒差距样子。像星团 W_{di}。

甚至，含星团部分，一类天体集合，称星族系。譬如，像星族Ⅰ类，分布银道面中，大多运动快，不过恒星弥散度弱。主要是重元素，包括旋臂恒星，疏散星团，主序星。对应岁数小，不超过10亿年。譬如，像星族Ⅱ类，分布银道面外，大多运动慢，不过恒星弥散度强。主要是轻元素，包括晕核恒星，球状星团，红巨星。对应岁数大，最起码10亿年。

　　或许，无限多数量的，气体、尘埃类，占银河总质量，大概10％样子。分布最密集地方，应该是银道边，一些旋臂上。并且，推测气体成分，可能是原子、分子、电离子；推测尘埃成分，可能是水氨、甲烷、硅矿粒。显然，气体、尘埃区，含雾状星云。譬如，像弥漫型的，不规则形状，直径30光年。包括猎户座星云。譬如，像行星型的，大多圆环状，不超过5万年时间。包括天琴座星云。譬如，像遗迹型的，呈网状结构，含恒星爆炸物。包括天鹅座雾云。

　　当然，在银河系，除恒星、气体和尘埃外。相信，含黑洞和暗能量。

　　譬如，像天鹅座X-1，观测运动轨迹，呈缠绕周期变化。或许，可能是6倍$M_日$的，宇宙黑洞体，在1300万英里外，绕天鹅星X-1，不断旋转造成的。并且，天鹅星X-1，一些结构部分，被黑洞体，持续吸积移动，

看起来龙卷风似的。甚至，呈现螺旋状，飞溅 X 射线粒子。譬如，人马座 A，大质量黑洞体。直径 1.5 亿公里，重量 400 万倍 $M_日$。从银河核心，不断辐射红外、X 线，千万兆瓦功率。

虽然，看起来暗能量物质，像黑洞体，褐矮星，中微子，不辐射和吸收光，无电磁波效应。然而，大抵是银河的，主要结构部分，占总质量 90% 样子。譬如，依据伽玛射线知道，在银核区，暗能量物质效应，可控制数百万的，太阳恒星体，不逃逸 10 光年范围。譬如，依据质光率知道，在银道面，暗能量物质效应，导致旋臂体，可能 9 倍光度。譬如，依据较差线知道，在银晕中，暗能量物质效应，可增快游离的，太阳恒星转速，不被银河抛撒。

既然，可谓银河系，在结构上，不是均匀的。譬如，像银核区，小体积，高密度。终归，占银河总质量少。譬如，像银道面，大多数恒星密集地方。终归，被旋臂瓜分。譬如，像银晕中，大体积，低密度。终归，占银河总质量多。

所以，看起来银河系，呈较差旋转状态。

譬如，在银核区，5 光年范围内，含暗能量物质，超级黑洞，大概质量 400 万倍 $M_日$。显然，跟刚体似的，一切银核部分，角速度相等。

譬如，在银道面，10 万光年范围内，主要是恒星、气体和埃尘。由旋臂控制的，呈漩涡状态。显然，离银核越远，对应旋转速度慢；离银核越近，对应旋转速度快。像太阳系，沿椭圆形轨道，绕银核转动时，1秒钟功夫，可移250公里。虽然，推测太阳系，离银河核心，2.6万光年远。

譬如，在银晕中，主要是星族Ⅱ类，包括球状团，亚矮星，气体和埃尘。虽然，在数万光年，大球形范围内，分布稀疏弥散的。然而，沿扁圆形轨道，绕银河核心，一概旋转运动的。甚至，在暗能量物质作用下，比太阳系，绕银核旋转快。像高速星类，1秒钟功夫，可移300公里。

1962年，英国科学家，创塌缩模型理论认为，可谓银河系，由原始星体，不断塌缩构成的。初始，一圆球高密态。在吸引作用下，不断旋转和收缩演变。最终，呈银盘扁球状；在吸引作用下，不断碰撞和爆炸演变。最终，呈现星族Ⅰ类。譬如，像疏散星团。

1977年，美国科学家，创吸积模型理论认为，可谓银河系，由原始星体，不断吸积构成的。初始，一堆100万 $M_日$ 云。在吸引作用下，不断旋转和聚积演变。最终，呈银晕圆球状；在吸引作用下，不断碰撞和爆炸演变。最终，呈现星族Ⅱ类。譬如，像球状星团。

2004年，德国慕尼黑ESO天文台，凭借直径8米的，高频望远镜；靠紫外视觉矩阵的，光谱射像仪。在地球村外，大概7200光年远的，天蝎座地方，一NGC6397球

状星团中，发现微铍元素，分析是 A0228 和 A2111 恒星的。并且，依据核纪年法，由原始恒星遗迹，像铍元素的，丰度量，半衰期。最终，推测银河系，可谓时间源远流长，大概 136 亿年。

4、原 子

亚里士多德认为，宇宙，不过是物质的，包括空气、水、火和土部分。并且，一切物质体，无限制的，可割裂解离。

然而，德谟克里特认为，宇宙终极部分，不过是原子。因为，在希腊文，可谓微原子，应该是最渺小，不能裂解的。

1661年，科学家罗伯特·波伊迩认为，宇宙，由元素构成的。并且，罗伯特·波伊迩相信，天地宇宙间，含多种元素成分。譬如，除亚里士多德的，可谓水、火、土和空气。显然，含硫、汞和盐类。甚至，包括白银和黄金。

1789年，科学家洛朗·拉瓦锡认为，天地宇宙间，含简单元素，像光、热、氧、硅和石灰。并且，含金属元素，像铜、铁、铅、汞和铂银。甚至，非金属元素，像硫、磷、碳、氟和硼酸。终归，洛朗·拉瓦锡相信，元素是化学作用中，

上篇

YUZHOU

不能裂解的，可谓微原子，一总称概念。

1803 年，科学家约翰·道尔顿认为，可谓微原子，不过是化学作用中，无法裂解的，最终极部分。并且，可谓化学元素，应该是质量相等的，一类微原子，最终极集合。虽然，天地宇宙间，无限多微原子。然而，约翰·道尔顿相信，任何微原子，呈现规律特点。譬如，依据微原子，含质量大小，呈现元素集合。像 H_1 氢原子、C_{12} 碳原子、O_{16} 氧原子。甚至，约翰·道尔顿相信，任何微原子，尊循定律特点。譬如，依据微原子，含数量多少，导致化学组合。像 1 氧原子、2 氢原子，呈水分子。

1827 年，科学家 R·布朗，凭借显微镜，发现藤黄粉，在悬浮液中，不规则轨道线上，自由运动的。

1877 年，科学家德绍迩琅斯，发现布朗运动，由载体热度决定的。譬如，水温度越高，导致花粉活动时，对应自由度越强。譬如，水温度越低，导致花粉活动时，对应自由度越弱。

1905 年，爱因斯坦认为，可谓布朗运动，不过是载体微粒，像水分子，凭借自由活动，对花粉碰撞造成的。甚至，爱因斯坦相信，依据热运动数值，可测载体微粒大小。譬如，像糖分子，直径 5.08×10^{-7} 厘米。

现在，归根结底来说，一切微原子，在宇宙结构层次中，应该是低级的。当然，不是终极部分。譬如，推测氢原子，应该是最渺小。或许，半径 10^{-12} 厘米，质量 1.66×10^{-30} 克。譬如，推测铯原子，可能体积最大，直径 5.2A；推测铅原子，可能质量最多，体重 207.97U。并且，一些微原子，呈现逆磁性，像铋、铜、金和银。甚至，一些微原子，呈现放射性，像铀、钋、钍和镭。

宇宙，小尺度范围里面，不过是原子。

譬如，像地球体，含微原子，大抵 1.33×10^{50} 数量。或许，主要是太阳抛撒的，像氢和氦。少数是核衰变的，像铀和钍。一些是原始矿藏的，像钚和镎。一些是宇宙射线的，像碳 14 原子。那么，在气层区，少数是惰性原子，像氩和氖。大多数是分子，像氧和氮气。在表层区，主要是化合物原子，像水、盐、酸和碱类。在地壳区，主要是玄武岩成分，像铝和铁。在地幔区，主要是橄榄石成分，像硅和镁。在地核区，主要是重金属成分，像铁和镍。

譬如，像月球体，从阿波罗 11 号，飞船航器体携带的，一些月表泥壤岩石标本，发现是硅、铝、钙、铁、钛和钴成分。

譬如，太阳恒星体，依据光谱吸收线知道，主要是氢氦成分。甚至，少数氧、碳、氖、镁和铁原子。

譬如，像银河系，千亿恒星体，不过是太阳成分。大量弥漫星云，主要是氢原子。无限多数的，气体、尘埃类，可能是二氧化硅矿粉、石墨晶体、甲烷冰、氨和水。

5、中 子

　　看起来微原子，像铜豌豆似的，蒸不烂、煮不熟、槌不扁、炒不炸。然而，一旦蹦跌地上，被磕碎罄尽。

　　1897 年，物理学家约瑟夫·汤姆生，凭借旋转镜法，推测阴极射线，不是电磁波。并且，依据电磁场中，呈路径偏折效应。约瑟夫·汤姆生相信，可谓阴极射线束，不过是负电荷粒子。甚至，物理学家约瑟夫·汤姆生，发现射线偏折效应中，无论流体束，不管铅铁板，从玻璃腔激活的，一切阴极射线电子，可谓荷质例相等，大概是氢核 2000 倍。虽然，跟氢电荷相当。然而，电荷性相反。因为，比最轻微的，元素氢质量小。所以，约瑟夫·汤姆生认为，任何阴极射线电子，在层级上，应该是微原子，下级结构部分。

1903 年，物理学家约瑟夫·汤姆生，创枣糕模型。一圆球体原子，主要是正电荷成分，可谓疏密均匀的。跟蛋糕样；少量负电荷粒子，被镶嵌限定，可谓位置对称的。跟枣仁样。既然，依据振动原子，一旦激活时，可辐射亮光。譬如，像阴极射线。那么，约瑟夫·汤姆生认为，可谓辐射频率大小，反映光谱线短长。终归，应该是电子，绕圆圈轨道运动时，由速度决定的。因为，呈蛋糕样的，一切正电荷。跟枣仁样的，一切负电子。在枣糕模型中，大致电荷量相等。所以，约瑟夫·汤姆生相信，一切微原子，应该是中性的。并且，物理学家约瑟夫·汤姆生，依据圆球体模型，推测微原子，大概直径 10^{-8} 厘米。

　　1909 年，物理学家欧雷斯特·卢瑟福，在散射效应中，发现钋元素束，去轰撞金箔时，大多数 a 粒子，穿越厚箔片，沿直线路径，可持续运动的。然而，少数路径偏转角度，可谓 180° 样子。看起来枪弹似的，若碰撞埃尘上，子弹路径轨迹，无偏移改变；若碰撞岩石上，子弹路径轨迹，可折返弹回。所以，欧雷斯特·卢瑟福认为，一切微原子，可能结构部分，不是均匀的。或许，在最核心的，局部范围上，质量多，体积小。像硬石头，反弹 a 粒子，导致散射现象。

　　虽然，依据约瑟夫·汤姆生，枣糕模型知道，一方

面负电子，少数目，轻质量。如果，看起来 a 粒子，像枪炮似的。那么，轻质量负电子，不过是埃尘；一方面正电荷，分布均匀的。显然，可抵消斥力。所以，无论轻质量电子。纵然，正电荷阻力。终归，枣糕模型中，无法散射 a 粒子。

1911 年，物理学家欧雷斯特·卢瑟福，创核结构模型。卢瑟福认为，任何微原子，包括核结构部分，跟外层负电子。卢瑟福相信，任何微原子，应该是虚空的。像太阳系。中央核结构部分，看起来体积小，不过密度大。占微粒原子，大概 99.96% 质量。并且，含微粒原子，一切正电荷。跟太阳似的；外层负电子，在圆圈轨道上，绕核结构运动。跟行星似的。物理学家欧雷斯特·卢瑟福，依据 a 散射数值，推测微原子，可能半径 10^{-10} 米。虽然，反倒核结构径长，可能 10^{-14} 米大小。显然，看起来微原子，大多数地方，不过是空的。所以，元素钋射线，去轰撞金箔时。如果，离核结构远。纵然，击撞负电子。然而，子弹碰撞埃尘。终归，无路径偏移改变。如果，离核结构近。因为，强库仑斥力。终归，子弹碰撞岩石。当然，呈路径偏移改变。甚至，直接碰撞核结构时，导致 a 粒子，返弹 180° 角。虽然，可能概率小。

物理学家欧雷斯特·卢瑟福认为，一方面库仑力，导致负电子，被核结构限定，将吸噬陨落。当然，除负电子，呈加速度，绕核运动外。然而，任何负电子，若加速度的，将辐射电磁波，导致能量消耗减少。最终，对应轨道径长，持续缩短减小。显然，不难想象负电子，沿螺旋轨道线，朝核结构地方，持续漩落湮灭。卫星坠毁似的；一方面负电子，可谓辐射频率，跟轨道圈上，绕核运动数相当。并且，由轨径决定的。如果，外层负电子，沿螺旋线运动。那么，对应轨道径长，持续缩短减小。最终，导致辐射频率，不断快速改变。显然，不难想象微原子，光谱线连续的。所以，欧雷斯特·卢瑟福模型，允许微原子，不是稳定的。譬如，无论轨道径长，不管辐射谱线，可连续性改变。

1913年，丹麦物理学家，尼洱斯·波尔认为，可谓微原子，一切能量状态，应该是孤立的，不连续性特点。尼洱斯·波尔相信，可谓微原子，任何能级状态，应该是稳定的，不辐射或吸收能量。并且，一切负电子，对应能级轨道上，呈加速度，绕核运动的。显然，不是螺旋形，朝核结构地方，持续漩落湮灭。因为，任何负电子，对应轨道径长，由能量层级决定的，大概是 $h/2\pi$ 整数倍。甚至，允许能级间，呈跃迁现象。不管辐射或吸收能量子，方程 $h\gamma = E_1 - E_2$。所以，尼洱斯·波尔认为，除放射性元素，可核衰变外。大多数微原子，应该是稳态的。像负电子，不是螺旋运动；像光谱线，不是连续亮系。

譬如，像氢原子。可谓最简单的，除核结构外，一

负电子。尼洱斯·波尔认为，任何氢原子，不连续能量状态，尊循 $E_n=E_1/n^2$ 公式。并且，任何负电子，不随意轨道径长，尊循 $R_n=n^2R_1$ 公式。尼洱斯·波尔认为，一般状态下，可谓氢原子，呈最弱能量级态，大概是 $E_1=-13.6ev$。对应负电子，离核结构近，呈最短轨道径长，大概 $R_1=0.53 \times 10^{-10}$ 米。既然，任何氢原子，一次性辐射或吸收能量多少，由 $h\gamma=E_1-E_2$ 决定的。那么，一方面负电子，在能级激态间，对应跃迁时，穿越轨道线，不是螺旋形的；一方面氢原子，可谓辐射或吸收能量状态，应该是孤立的，一光能量子。所以，光谱线上，不连续亮系。像负电子，从 n=2、3、4 能级，朝 n=1 轨道跃迁时，呈莱曼谱系；当负电子，从 n=3、4、5 能级，朝 n=2 轨道跃迁时，呈芭洱莫谱系；当负电子，从 n=4、5、6 能级，朝 n=3 轨道跃迁时，呈帊沁谱系；当负电子，从 n=5、6、7 能级，朝 n=4 轨道跃迁时，呈柿腊恺谱系。

1914 年，物理学家弗阑克，凭借负电子，穿越汞蒸气，在核碰撞中，观测能量损失。当负电子，初始动能时，发现损耗小。因为，比较负电子，在质量部分。可谓汞原子，上百倍重的。那么，看起来篮球，去撞墙壁似的。当然，可谓汞原子，吸收能量少。所以，导致负电子，低动能损失。然而，当负电子，在动能上，若超 5ev 时。并且，比 6.7ev 小。那么，观测损耗量，一概是 4.9ev；当负电子，在动能上，若超 7ev 时。并且，比 10.4ev 小。那么，观测损耗量，一概是 6.7ev。甚至，当负电子，在动能上，若超 11ev 时。那么，观测损耗量，一概是 10.4ev。显然，任何汞原子，可谓能量状态，不是连续性的。当然，光谱线上，对应孤立的，不连续亮系。譬如，当汞原子，一次性吸收能量，大概 4.9ev 时。那么，一方面负电子，在能级间，可跃迁运动；一方面辐射光子，含能量 4.9ev。并且，光谱线波长，大概 2.5×10^{-7} 米。最终，物理学家弗阑克相信，一切微原子，应该是稳定的，无坠落塌缩现象。显然，一切微原子，可谓能量状态，不是连续的。

欧雷斯特·卢瑟福认为，无论质量多少，不管体积大小，看起来氢原子，应该最渺小。甚至，在结构上，应该最简单的。譬如，除氢核部分。那么，在外层缘边，一负电子。所以，物理学家欧雷斯特·卢瑟福，将氢核结构部分，称谓质子。因为，在希腊文，可谓是第一。1919 年，物理学家欧雷斯特·卢瑟福，发现 a 粒子，去轰撞氮核时，可释放氧和质子。方程 $^{14}_{7}N + ^{4}_{2}He \rightarrow ^{17}_{8}O + ^{1}_{1}H$。最终，欧雷斯特·卢瑟福相信，一切渺质子，不过是核结构的，下层级部分。当然，包括氢原子。

物理学家簿腊凯特，凭借云室装置，拿 a 粒子，去轰撞氮核。最终，从 40 多万条，穿越径迹中，发现核质子，8 根细偏折线。并且，1 根短粗径迹，分析是核氧的。显然，

在云室装置中，凭借 a 粒子，去轰撞氮核时，可释放氧和质子。方程 $^{14}_{7}N + ^{4}_{2}He \rightarrow ^{17}_{8}O + ^{1}_{1}H$。甚至，拿氟、钠或铝药引子，在云室装置中，靠轰撞转变，一样释放质子。

因为，在核结构中，观测质量数，可能是电荷的，大概 2 倍样子。所以，欧雷斯特·卢瑟福预言，除正电荷质子，可能核结构里面，含中性粒子。既然，不带电的，称谓中子。并且，欧雷斯特·卢瑟福认为，呈正电性的，任何核质子；不带电性的，任何核中子。在质量上，应该是相等的。终归，一质量数大小。甚至，由正电性的，可谓核质子；不带电性的，可谓核中子。最终，反应核结构的，总质量数多少。虽然，在核结构中，可谓电荷数，不过是核质子，总数量决定的。显然，欧雷斯特·卢瑟福相信，任何渺中子，一样是核结构的，下层级部分。

元素钋衰变的，任何 a 粒子，去轰撞铍核时，可释放高能量的，不带电中子。1932 年，物理学家查德威克，拿高能量中子，石蜡装置里面，去轰撞氢结构。最终，飞溅核质子。既然，守恒动能量的。所以，物理学家查德威克，依据动能量差，推测核中子，大概重量 1.674920×10^{-24} 克，跟正电荷质子，可谓重量相当。并且，物理学家查德威克，依据动能量差，推测核中子，大概速度 2.997990×10^{-9} 米／秒，比零质量光子，可谓速度远小。甚至，在磁场里面，观测核中子，无轨道偏转现象。

所以，任何核中子，不带电性的。既然，观测核中子，穿透铝材板。纵然，铝板厚 20 厘米。显然，一切核中子，呈现超强的，穿贯障碍能力。

现在，归根结底来说，一切微原子，包括核结构部分，跟外层负电子。因为，一方面核结构部分，含正电荷质子。并且，一方面核结构部分，含高能量中子。所以，可谓微原子，下层级部分，包括质子、中子、电子。当然，除最简单的，一切氢原子。

可谓负电子。大概最轻小，含质量 9.11×10^{-34} 克。或许，电荷量 1.602×10^{-19} 库仑。归根结底来说，任何负电子，呈波粒二象性。甚至，呈现量粒态，不确定性原理限制的。譬如，一方面负电子，穿越晶体点阵时，导致衍射现象。并且，观测负电子，可谓运动波长，跟伦琴射线相当。显然，呈现波动性；一方面负电子，绕核结构运动时，导致云概率点。并且，观测负电子，可谓运动轨迹，跟圆球圈壳似的。显然，呈现微粒性。既然，不确定性原理限制的，含量粒态。当然，任何负电子，绕核结构旋转时，对应轨道层，可谓确定的。若负电子，含能量越低。那么，离核结构越近；若负电子，含能量越高。那么，离核结构越远。如果，任何微原子，一旦辐射或吸收能量时。那么，对应负电子，在能级轨道间，导致跃迁现象。或许，可辐射光子，一条亮谱线。像莱曼或栲腊恺系。相信，任何轨道层，在数量上，占 $2n^2$ 电子。

可谓核质子，呈正电荷性。半衰期 1032 年。或许，质量 1.673×10^{-27} 千克，直径 1.65×10^{-15} 米，电量 1.6×10^{-19} 库仑。归根结底来说，元素性部分，应该是核质子，一定数体现的。像 H_1 氢、C_{12} 碳、O_{16} 氧元素。

可谓核中子，不带电性的。半衰期 896 秒。或许，质量 1.675×10^{-27} 千克，直径 1.6×10^{-15} 米，电磁矩 –1.913。归根结底来说，中性征特点，无库仑作用力，不能势垒障挡。所以，可轰撞粒子，穿破结构部分，导致核裂变。像 235U 获殖链。

6、夸 克

看起来中子，不是稳定的。显然，可裂解衰变。最终，不过是氢核和电子。或许，方程 $^1_0n \rightarrow {}^1_1P + {}^0_{-1}e$。然而，在动能量转移中，呈现耗损缺失。所以，物理学家泡利预言，可能是中微子，吞噬损缺部分。方程 $^1_0n \rightarrow {}^1_1P + {}^0_{-1}e + \bar{v}$。

虽然，一切中微子，含强穿透能力。或许，不带电荷性。并且，零质量的。终归，1953 年时候，科学家莱茵斯，凭借探测器，发现中微子。

当然，除中微子。譬如，加速器里面，像物理学家赛格雷，发现反质子、反中子。譬如，宇宙射线里面，像物理学家鲍威尔，发现 π 介子、K 介子。

现在，归根结底来说，在宇宙里面，除电子、质子、中子。并且，光能量子。或许，含终极部分。譬如，少

上篇

YUZHOU

032

质量的，称宇宙轻子。显然，包括负电子。并且，包括电中微子。当然，包括 μ 子。并且，包括 μ 中微子。甚至，包括 £ 子。并且，包括 £ 中微子。虽然，可谓宇宙轻子，不能裂解的。然而，呈现电磁和弱相互作用力，半整数倍自旋。譬如，中质量的，称宇宙介子。显然，包括 π 介子。并且，包括反 π 介子。当然，包括 K 介子。并且，包括反 K 介子。甚至，包括 η 介子。并且，包括反 η 介子。虽然，可谓宇宙介子，不是稳定的。然而，呈现核强相互作用力，零整数倍自旋。譬如，多质量的，称宇宙重子。显然，包括核质子。并且，包括反核质子。当然，包括核中子。并且，包括反核中子。甚至，包括 Σ 超子。并且，包括反 Σ 超子。虽然，可谓宇宙重子，不是稳定的。然而，呈现核强相互作用力，半奇数倍自旋。

因为，无论宇宙介子。纵然，不管宇宙重子。既然，呈现核强相互作用力。所以，称宇宙强子。

1964 年，物理学家默里·盖迩曼，创夸克模型认为，一切渺强子，应该是夸克构成的。默里·盖迩曼认为，在宇宙中，依据特殊味道，分顶夸克 t、底夸克 b、粲夸克 c、奇夸克 s、下夸克 d、上夸克 u。并且，默里·盖迩曼认为，在宇宙中，依据特殊颜色，分红夸克、绿夸克、蓝夸克。甚至，默里·盖迩曼认为，在宇宙中，含数量相等的，反夸克味色。虽然，跟正夸克类，一样质量和对称旋。然而，在电荷和奇异数上，跟正夸克类，反符号的。物理学家默里·盖迩曼，夸克模型中，凭借核强相互作用力，1下夸克、2上夸克，一起组构核质子；1上夸克、2下夸克，一起组构核中子；1底夸克、1反底夸克，一起组构 r 介子；1上夸克、1下夸克、1奇夸克，一起组构 Λ 超子。

一方面来说，可谓强相互作用力，含极限范围的。推测距离大小，不超过 2.0×10^{-15} 米。那么，在极限范围内，凭借强相互作用力，束缚夸克类，被禁闭耦合，不带味和颜色。譬如，1红夸克、1绿夸克、1蓝夸克，一起组构重子。譬如，1红夸克、1绿夸克或1蓝夸克，1反红夸克、1反绿夸克或1反蓝夸克，一起组构介子。然而，在极限范围外，一切强相互作用力，可谓瞬息的，被释放殆尽。最终，导致夸克类，反正对湮灭。所以，色禁闭理论认为，在宇宙中，无独孤夸克。显然，任何夸克类，下层级结构部分，不是确定的。或许，一切夸克类，大概是层级上，宇宙终极体。甚至，一切夸克类，大抵是能量上，宇宙初始态。

一方面来说，可谓强相互作用力，呈渐近自由性的。虽然，一般能量级下，跟橡筋似的。任意夸克间，若距离拉长，对应强相互作用增大；任意夸克间，若距离缩短，对应强相互作用减小。然而，在高能量级下，可谓强核

子，对数耗损缺失。终归，无强相互作用力，束缚夸克类。显然，在高能量状态，可谓夸克类，应该是自由的。譬如，在理想加速器里面，拿能量 100Gev，任何核质子，去碰撞湮灭，反核质子。最终，导致夸克类，可自由逃逸。所以，凭借加速器，依据碰撞散射径迹。相信，在宇宙中，可捕获独孤夸克。

7、大爆炸宇宙

1521 年，航海家麦哲伦，在南非地区，观测星象时，发现苍穹上，靠银河地方，呈现团块状的，一淡烟雾云。

1657 年，天文学家雷恩，推测银河缘边，麦哲伦烟雾云。或许，应该是银河外，一些恒星系。

1755 年，哲学家康德认为，除银河系，在宇宙中，可谓恒星岛，无穷数量的。譬如，包括麦哲伦烟雾云，仙女座恒星系。

然而，威廉·赫歇迩认为，任何苍穹云，跟地球村，若距离近。并且，比银河范围小。那么，应该是银河系，一结构部分。虽然，太阳和恒星构成的。甚至，威廉·赫歇迩认为，任何苍穹云，跟地球村，若距离远。并且，比银河范围大。那么，应该是银河外，一结构部分。虽然，

气体和尘埃构成的。

1924年，天文学家埃德温·哈勃，凭借直径2.4米，大型望远镜，观测仙女座，一天球云中，大多数结构部分，应该是恒星体。甚至，少数是造父变星。那么，依据光周关系，推测仙女座恒星云，跟地球村，可谓距离遥远，大概150万光年。显然，比银河范围大。所以，天文学家埃德温·哈勃，相信宇宙中，含银河外系。譬如，像仙女座恒星云。

当然，在银河外，除仙女座恒星云。或许，含银河似的，千亿数量星系。譬如，凭借望远镜，依据透像引力，发现距离上，跟地球村，可能最近的，应该是猎狗座矮星系，不足4.2万光年。甚至，发现距离上，跟地球村，可能最远的，应该是Abeii1835·iR1916星系，大概132亿光年。

1926年，天文学家埃德温·哈勃，从结构形态上，分类银河外系。

譬如，像椭圆形的。含亮盘和暗晕部分。观测E_0星系，可能是最圆的。观测E_7星系，可能是最扁的。并且，观测椭圆形星系，在光谱上，应该是K型，可谓最红的。那么，推测椭圆形的，一些银河外系，主要是星族Ⅱ成分。终归，包括红巨星、亚矮星、短周期造父变星。当然，含球状星团。甚至，无限多数量的，气体和尘埃云。

譬如，像漩涡形的。含核、球、盘和晕部分。观测

SB 星系，可能是棒旋的。观测 S 星系，可能是螺旋的。然而，观测漩涡核球，呈红颜色，大多数星族 II 成分。反倒漩涡盘晕，呈蓝颜色，大多数星族 I 成分。

譬如，像透镜形的。比 E_7 星系，可能略扁点，含薄盘构件。比 SB 星系，可能略直点，无旋臂构件。像 NGC5866 星系。

譬如，不规则形的。无核球和盘晕部分。并且，在旋转上，不是对称性的。甚至，在光谱上，应该是 A 型，可谓最蓝的。显然，不规则形的，一些银河外系，主要是星族 I 成分。终归，包括蓝巨星、白矮星、长周期造父变星。当然，含疏散星团。甚至，无限多数量的，气体和尘埃云。

可谓银河外系，推测结构成分，除恒星、气体和尘埃。或许，含黑洞、反物质和暗能量。

譬如，在黑洞部分。不规则 M82 星系，离地球村，大概 1200 万光年远。那么，依据 X 辐射线，推测 M82 星系，含黑洞体，中等质量的；像椭圆 M87 星系，离地球村，大概 5000 万光年远。那么，依据喷射流束，推测 M87 星系，含黑洞体，超重质量的；像漩涡 M100 星系，离地球村，大概 6000 万光年远。那么，依据 X 辐射线，推测 M100 星系，含黑洞体，轻微质量的。

譬如，反物质部分。既然，反光能量子，不带电磁

荷，中性特征的。终归，不过是正的，光能量粒子。所以，在银河外，任何恒星系，若辐射亮光。或许，反物质造成的。

譬如，暗能量部分。像 NGC5985 矮星系，离地球村，大概 30 万光年远。那么，推测 NGC5985 冷轴子。或许，暗能量造成的；像 Abell1689 星系，离地球村，大概 130 亿光年远。那么，推测 Abell1689 弧曲线。或许，暗能量造成的。

终归，在宇宙中，千亿银河外系，分布聚簇状的。

譬如，低级结构集合，尺度范围小，不超过 1630 万光年。包括规则类的。对称球形态，中央密集区，主要是椭圆或透镜星系。观测辐射源，呈现超强吸引力。像梳法座，离地球村，大概 3.5 亿光年远。那么，推测梳法座里面，含 1 万多星系。或许，透镜 NGC4874 星系，可能最重大。显然，不规则类的。呈疏散形态，中央密集区，主要是矮星系。少数辐射源，呈现超强吸引力。像室女座，离地球村，大概 4890 万光年远。那么，推测室女座里面，含 2 千多星系。或许，椭圆 NGC4486 星系，可能最澈亮。

譬如，中级结构集合，尺度范围大小，可能是 3.5 亿光年。呈蜂窝状态。在扁圆空洞区，少数矮星系，不断旋转运动。反倒空洞壁上，千万亮星系，跟串珠似的。像牧夫座空洞，直径 3 亿光年。甚至，可谓宇宙的，长城墙壁星系。或许，13.7 亿光年长，2 亿光年宽，1500

万光年厚。

譬如,高级结构集合,尺度范围大,最起码50亿光年。显然,看起来海绵似的,可谓疏密均匀。所以,大尺度范围,任何位置上,看高级结构集合,一概是均匀的;大尺度范围,任何朝线上,看高级结构集合,一概是等性的。

然而,经典理论认为,牛顿吸引力,导致宇宙中,无限多星系。甚至,包括气体、尘埃、恒星、黑洞、反物质和暗能量。归根结底来说,一概吸引运动的。譬如,地球吸引力,导致苹果落体运动。譬如,太阳吸引力,导致地球椭圆运动。并且,遵循经典定律,任何质量体间,牛顿吸引力,跟质量乘积,正比例关系;跟距离平方,反比例关系。方程 $F=Gm_1m_2/r^2$。

既然,无论微粒子,不管恒星系。甚至,像恒星和粒子。因为,凭借吸引力,一概相互作用的。那么,不难想象宇宙,在经典理论的,牛顿吸引力,持续积噬作用下,可能塌缩湮灭。最终,不过是微渺的,零时空奇点。

所以,科学家爱因斯坦,在相对论中,拿宇宙常数,当排斥力,希望抵消吸引效应。显然,爱因斯坦认为,宇宙静态的,不过是封闭球体,大概直径70亿光年。爱因斯坦相信,宇宙,由地球、太阳、银河、上千亿星系,分层级构成的。虽然,在体积上,可能确定的。然而,在缘边上,无穷际界的。

上
篇

YUZHOU

终归，爱因斯坦封闭球体模型认为，宇宙是限定、无界和静止的。

然而，干涉捆绑下，无法结夫妻。

1929 年，天文学家埃德温·哈勃，在威尔逊站，凭借直径 2.4 米，大型望远镜，发现银河外，光谱红移的。显然，任何银河外系，跟地球村，一概退移的。并且，遵循哈勃定律，可谓退移速度，离地球村远近，正比例关系。方程 $\cup = H_0 D_0$。譬如，室女座星团，离地球村，大概 4890 万光年远。那么，推测退移速度，1 秒钟功夫，可能 1180 公里。譬如，长蛇座星团，离地球村，大概 25.7 亿光年远。那么，推测退移速度，1 秒钟功夫，可能 60000 公里。

甚至，依据相对论，俄罗斯物理学家，弗栗德曼假定，大尺度范围，任何位置上，宇宙结构部分，一概是均匀的；大尺度范围，任何朝线上，宇宙结构部分，一概是等性的。终归，弗栗德曼相信，千亿银河外系，对地球村，持续退移的。并且，可谓退移速度，离地球村远近，正比例关系。如果，离地球村近。那么，对应退移速度慢。如果，离地球村远。那么，对应退移速度快。显然，弗栗德曼模型认为，包括地球、太阳、银河、上千亿星系，分层级构成的。可谓总星系，不是塌缩和静态，反倒膨胀的。

1948 年，美国物理学家，乔治·加莫夫认为，包括地球、太阳、银河、总星系。宇宙，137亿年前，零时空奇点，大爆炸初始，持续膨胀和降温中，分层级构成的。

物理学家乔治·加莫夫，宇宙模型认为，大爆炸 10^{-44} 秒内，一切混沌状态。除夸克和轻子，不规则轨迹，持续自由运动外。无时空和相互作用力；大爆炸 10^{-36} 秒，呈现强弱相互作用。并且，包括电磁引力；大爆炸 10^{-10} 秒，凭借强相互作用，束缚夸克和轻子；大爆炸 10^{-6} 秒，可能 10^{13}K 温度，呈现氢核和中子。当然，一些夸克构成的；大爆炸 10^{-2} 秒，可能 10^9K 温度，呈现光子、电子、中微子。甚至，一些氘和氦核子；大爆炸 10^4 年，可能 10^3K 温度，呈现中性原子。

因为，上百亿年演化。譬如，宇宙膨胀效应，导致体积增大，可能 100 亿光年。譬如，宇宙降温效应，导致热能减少，不足 100K 温度。并且，无限多原子，分布密度小，不是弥漫均匀的。所以，牛顿远程吸引力，可能拨千斤，不断吸积原子。最终，一些致密地方，在塌缩和旋转中，呈现原始星云。

既然，长远程吸引力，导致原始星云，持续塌缩和旋转。那么，无数雾原子，对应活动范围减小，反倒碰撞强度增大。所以，导致高温度。最终，一些原始星云，吸积热能量，不断核演化。譬如，当高热温度，大概 10^5K 时，呈现原始恒星云，主要是氢分子。称恒星体的，

初级期阶段。像金牛座 T 型星。如果，持续塌陷缩小。那么，气体轻原子，在碰撞中，上抬恒星温度。大概 10^7K 时，导致核聚变，由氢原子，朝氦核演化。甚至，可辐射热光子，亮澈恒星体。当然，一旦核聚变的，可谓辐射压，跟强吸引力，一过性相等时。那么，原始恒星体，将塌缩停止。看起来体积和温度，平衡稳定的。所以，称恒星体的，主序期阶段。像天琴座织女星。然而，在恒星壳上，持续燃烧蜕变，导致氢原子，不断坠落核区。最终，主序星核心，持续塌陷缩小。导致温度高，中央体积大。不过核辐射量，应该是稳定的。终归，下降恒星壳温度，呈红移现象。所以，称恒星体的，红巨期阶段。像牧夫座 M 型星。

当然，可谓红巨期阶段，不是恒星体的，最终极演化。因为，当红巨星温度，大概 10^9K 时，中央核部分，氢燃料耗尽，导致氦和碳聚变，释解热能量，呈现强辐射压力。最终，跟核爆似的。那么，在红巨星缘边，一些结构部分，被抛撒射失，呈现疏散恒星云。并且，在红巨星核心，一些结构部分，被沸解剥散，呈现等离电子。

美国科学家，沃迩福冈·泡利认为，不相容原理限定，任何量粒态上，无法容纳运动形式，一样自旋和能级的，大量负电子。显然，一些运动速度，不相等电子。如果，零距离碰触时。那么，无限强斥力，可驱散负电子，呈现简排压效应。

譬如，像红巨星核心。一方面燃料耗尽，无法氢核聚变。那么，强重能吸引力，导致恒星塌缩；一方面等离电子，呈现简排压效应。那么，高辐射驱抗力，导致恒星膨胀。显然，任何红巨星核心，受限简排压和吸引力，不能自由的，持续塌缩活动。

天体物理学家钱德拉塞卡，发现红巨星的，对应简排压大小，不过是确定的，一极限数值。然而，任何红巨星的，重能吸引力，受限质量多少。所以，红巨星核心，凭借吸引力，克服简排压，持续塌缩演化。终归，应该是恒星质量决定的。

譬如，若红巨星核心，在质量上，比较 $1.44M_日$ 小。那么，可谓等离电子，凭借简排压，平衡吸引力。最终，看起来红巨星核心，应该是静态的。因为，无法核聚变，依靠热残余，去辐射光子。体积小，密度大，色彩亮，称白矮星。像天狼 B。

譬如，若红巨星核心，在质量上，比较 $1.44M_日$ 大。并且，不超过 $3.2M_日$。那么，一切等离电子，凭借简排压，无法抵抗引力。当然，导致红巨星核心，持续收缩塌陷。所以，上抬核温度，分解重原子。终归，除氢核质子。或许，含中性粒子。如果，可吸纳负电子。那么，呈辐射状，去释解中微子。甚至，当超强透性的，零质量中微子，

上
篇

突破恒星壳时。最终，在红巨星核心，可能是铁和中子。显然，看起来红巨星核心，可谓体积小，半径10公里样子；不过密度大，1立方厘米，可能重10^5克。因为，传递周期性的，电磁波信号，称脉冲星。像金牛NP0532。

譬如，若红巨星核心，在质量上，比较$3.2M_⊙$大。那么，可谓等离电子，凭借简排压，不能抵抗引力。最终，导致红巨星核心，无限塌缩演化。甚至，一切红巨星质量，零距离集合。终归，看起来密度，无限制重大。并且，看起来体积，无限制微小。因为，无限强吸引力，可控制范围内，一切结构部分；无限强吸引力，可碎噬范围外，一切坠落东西。或许，包括运动最快的，光能量粒子。所以，在终结地方，呈零时空奇点，称黑洞体。像天鹅X–1。

显然，上百亿年的，宇宙膨胀和降温演化。如果，无吸引力。那么，不难想象混沌中，无雾原子，可碰撞吸积。并且，不难想象混沌中，无恒星云，可旋转塌缩。当然，无地球、太阳和银河系。甚至，无黑洞、脉冲和白矮星。

然而，归根结底来说，大爆炸环境下，千亿银河外系，对地球村，持续退移的。并且，可谓退移速度，离地球村远近，正比例关系。如果，离地球村近。那么，对应退移速度慢。如果，离地球村远。那么，对应退移速度快。甚至，依据经典的，牛顿定律知道，若距离拉长，对应吸引减弱。显然，在将来的，持续退移中，长远程吸引力，不能抵消膨胀效应。所以，看起来总星系，不是塌缩和静态，反倒膨胀的。

因为，跟吹橡皮球样。当极限时，若泄气，导致球缩小；当极限时，若闭气，导致球静态；当极限时，若添气，导致球爆破。

俄罗斯物理学家，弗栗德曼认为，比较临膨胀率，若均密度大。显然，可谓吸引强，反倒膨胀弱。那么，推测总星系，当极限时，将收缩塌陷的。最终，零时空奇点。像皮球缩小；比较临膨胀率，若均密度适中。显然，可谓吸引作用力，跟膨胀效应相当。那么，推测总星系，当极限时，可膨缩停止。像皮球静态；比较临膨胀率，若均密度小。显然，可谓吸引弱，反倒膨胀强。那么，推测总星系，当极限时，将膨胀弥散的。最终，不规则混状。像皮球爆破。

虽然，含数量上，无限多的，黑洞、反物质和暗能量。然而，可谓总星系，比较临膨胀率，平均密度小，不超过 10 ％样子。显然，导致吸引弱，反倒膨胀强。所以，推测总星系，当极限时，将膨胀弥散的。最终，不规则混状。像皮球爆破。并且，在 360 亿光年外，被周围星系，不断噬掠和瓜分。

一方面来说，物理学家乔治·加莫夫，宇宙模型认为，大爆炸 10^{-2} 秒，可能 10^{9}K 温度，呈现氢核和光子。然而，

上
篇

上百亿年的，持续膨胀下。最终，热辐射温度，不断降低的。当然，光辐射波长，对应延伸的。乔治·加莫夫预言，推测总星系，热辐射温度。现在，可能数 K 样子。并且，推测总星系，光辐射波长。现在，可能微波阶段。所以，称宇宙微波辐射。1965 年，物理学家彭齐亚斯，在贝尔中心，凭借探测器，过滤噪音时，发现宇宙微波辐射，呈 7.35cm 波长，大概 3K 温度。甚至，任何位置上，观测噪音辐射，一概等性的；任何朝线上，观测噪音辐射，一概等性的。显然，3K 黑体谱辐射，应该是银河外的，大爆炸残迹。

一方面来说，物理学家乔治·加莫夫，宇宙模型认为，大爆炸 10^{-6} 秒，可能 10^{13}K 温度，呈现氢核和中子。因为，在膨胀和降温环境下，大多数中子，不断衰变减少。譬如，大爆炸 10^2 秒，推测自由中子，不足氢核数 16 %。所以，乔治·加莫夫预言，余剩自由中子，跟氢核构成的，初始氦元素，占丰度量小，不超过 30 % 样子。现在，观测总星系，大概氢 75 %，初始氦 25 %。甚至，不超过 1 % 的，少数氘、锂和碳元素。

虽然，乔治·加莫夫认为，大爆炸宇宙，137 亿年前，零时空奇点，大爆炸初始，持续膨胀和降温中，分层级构成的。

纵然，乔治·加莫夫认为，大爆炸宇宙，包括地球、太阳、银河、上千亿星系、无限多黑洞和暗能量，分层级构成的。

　　归根结底来说，大爆炸宇宙，除地球外，小尺度上，包括夸克和原子；大尺度上，包括太阳和星系。初始，大爆炸奇点。现在，360亿光年范围。未来，持续膨胀态。显然，大爆炸宇宙外，应该是剩余，一些空地方。所以，含地球、月亮、太阳和银河的，大爆炸宇宙，呈现局限性。终归，不过是宇宙的，一级结构部分，称谓总星系。

上
篇

宇宙
中篇

1、子宇宙

亚里士多德认为，宇宙，不过是物质的，包括空气、水、火和土部分。并且，一切物质体，无限制的，可割裂解离。

然而，德谟克里特认为，宇宙终极部分，不过是原子。因为，在希腊文，可谓微原子，应该是最渺小，不能裂解的。

1661 年，科学家罗伯特·波伊迩认为，宇宙，由元素构成的。并且，罗伯特·波伊迩相信，天地宇宙间，含多种元素成分。譬如，除亚里士多德的，可谓水、火、土和空气。显然，含硫、汞和盐类。甚至，包括白银和黄金。

1789 年，科学家洛朗·拉瓦锡认为，天地宇宙间，含简单元素，像光、热、氧、硅和石灰。并且，含金属元素，像铜、铁、铅、汞和铂银。甚至，非金属元素，像硫、磷、碳、氟和硼酸。终归，洛朗·拉瓦锡相信，元素是化学作用中，不能裂解的，可谓微原子，一总称概念。

1803年，科学家约翰·道尔顿认为，可谓微原子，不过是化学作用中，无法裂解的，最终极部分。并且，可谓化学元素，应该是质量相等的，一类微原子，最终极集合。虽然，天地宇宙间，无限多微原子。然而，约翰·道尔顿相信，任何微原子，呈现规律特点。譬如，依据微原子，含质量大小，呈现元素集合。像H_1氢原子、C_{12}碳原子、O_{16}氧原子。甚至，约翰·道尔顿相信，任何微原子，尊循定律特点。譬如，依据微原子，含数量多少，导致化学组合。像1氧原子、2氢原子，呈水分子。

1827年，科学家R·布朗，凭借显微镜，发现藤黄粉，在悬浮液中，不规则轨道线上，自由运动的。

1877年，科学家德绍迩琅斯，发现布朗运动，由载体热度决定的。譬如，水温度越高，导致花粉活动时，对应自由度越强。譬如，水温度越低，导致花粉活动时，对应自由度越弱。

1905年，爱因斯坦认为，可谓布朗运动，不过是载体微粒，像水分子，凭借自由活动，对花粉碰撞造成的。甚至，爱因斯坦相信，依据热运动数值，可测载体微粒大小。譬如，像糖分子，直径5.08×10^{-7}厘米。

显然，一切微原子，在宇宙结构层次中，应该是低级的。譬如，推测氢原子，应该是最渺小。或许，半径

10^{-12} 厘米，质量 1.66×10^{-30} 克。譬如，推测铯原子，可能体积最大，直径 5.2A；推测铅原子，可能质量最多，体重 207.97U。

宇宙，小尺度范围里面，不过是原子。

譬如，像地球体，含微原子，大抵 1.33×10^{50} 数量。或许，主要是太阳抛撒的，像氢和氦。少数是核衰变的，像铀和钍。一些是原始矿藏的，像钚和锔。一些是宇宙射线的，像碳14原子。那么，在气层区，少数是惰性原子，像氩和氖。大多数是分子，像氧和氮气。在表层区，主要是化合物原子，像水、盐、酸和碱类。在地壳区，主要是玄武岩成分，像铅和铁。在地幔区，主要是橄榄石成分，像硅和镁。在地核区，主要是重金属成分，像铁和镍。

譬如，像月球体，从阿波罗11号，飞船航器体携带的，一些月表泥壤岩石标本，发现是硅、铝、钙、铁、钛和钴成分。

譬如，太阳恒星体，依据光谱吸收线知道，主要是氢氦成分。甚至，少数氧、碳、氖、镁和铁原子。

譬如，像银河系，千亿恒星体，不过是太阳成分。大量弥漫星云，主要是氢原子。无限多数的，气体、尘埃类，可能是二氧化硅矿粉、石墨晶体、甲烷冰、氨和水。

然而，归根结底来说，在宇宙中，可谓微原子，不是终极部分。

1897 年，物理学家约瑟夫·汤姆生，凭借旋转镜法，推测阴极射线，不是电磁波。并且，依据电磁场中，呈路径偏折效应。约瑟夫·汤姆生相信，可谓阴极射线束，不过是负电荷粒子。甚至，物理学家约瑟夫·汤姆生，发现射线偏折效应中，无论流体束，不管铅铁板，从玻璃腔激活的，一切阴极射线电子，可谓荷质例相等，大概是氢核 2000 倍。虽然，跟氢电荷相当。然而，电荷性相反。因为，比最轻微的，元素氢质量小。所以，约瑟夫·汤姆生认为，任何阴极射线电子，在层级上，应该是微原子，下级结构部分。

1903 年，物理学家约瑟夫·汤姆生，创枣糕模型。一圆球体原子，主要是正电荷成分，可谓疏密均匀的。跟蛋糕样；少量负电荷粒子，被镶嵌限定，可谓位置对称的。跟枣仁样。因为，呈蛋糕样的，一切正电荷。跟枣仁样的，一切负电子。在枣糕模型中，大致电荷量相等。所以，约瑟夫·汤姆生相信，一切微原子，应该是中性的。并且，物理学家约瑟夫·汤姆生，依据圆球体模型，推测微原子，大概直径 10^{-8} 厘米。

1909 年，物理学家欧雷斯特·卢瑟福，在散射效应中，发现钋元素束，去轰撞金箔时，大多数 a 粒子，穿越厚箔片，沿直线路径，可持续运动的。然而，少数路径偏转角度，可谓 180° 样子。看起来枪弹似的，若碰撞

埃尘上，子弹路径轨迹，无偏移改变；若碰撞岩石上，子弹路径轨迹，可折返弹回。所以，欧雷斯特·卢瑟福认为，一切微原子，可能结构部分，不是均匀的。或许，在最核心的，局部范围上，质量多，体积小。像硬石头，反弹 a 粒子，导致散射现象。

虽然，依据约瑟夫·汤姆生，枣糕模型知道，一方面负电子，少数目，轻质量。如果，看起来 a 粒子，像枪炮似的。那么，轻质量负电子，不过是埃尘；一方面正电荷，分布均匀的。显然，可抵消斥力。所以，无论轻质量电子。纵然，正电荷阻力。终归，枣糕模型中，无法散射 a 粒子。

1911 年，物理学家欧雷斯特·卢瑟福，创核结构模型。卢瑟福认为，任何微原子，包括核结构部分，跟外层负电子。卢瑟福相信，任何微原子，应该是虚空的。像太阳系。中央核结构部分，看起来体积小，不过密度大。占微粒原子，大概 99.96% 质量。并且，含微粒原子，一切正电荷。跟太阳似的；外层负电子，在圆圈轨道上，绕核结构运动。跟行星似的。物理学家欧雷斯特·卢瑟福，依据 a 散射数值，推测微原子，可能半径 10^{-10} 米。虽然，反倒核结构径长，可能 10^{-14} 米大小。显然，看起来微原子，大多数地方，不过是空的。所以，元素钋射线，去轰撞金箔时。如果，离核结构远。纵然，击撞负电子。然而，子弹碰撞埃尘。终归，无路径偏移改变。如果，离核结构近。因为，强库仑斥力。终归，子弹碰撞岩石。当然，呈路径偏移改变。甚至，直接碰撞核结构时，导致 a 粒子，返弹 180° 角。虽然，可能概率小。

　　欧雷斯特·卢瑟福认为，无论质量多少，不管体积大小，看起来氢原子，应该最渺小。甚至，在结构上，应该最简单的。譬如，除氢核部分。那么，在外层缘边，一负电子。所以，物理学家欧雷斯特·卢瑟福，将氢核结构部分，称谓质子。因为，在希腊文，可谓是第一。

　　1919 年，物理学家欧雷斯特·卢瑟福，发现 a 粒子，去轰撞氮核时，可释放氧和质子。方程 $^{14}_{7}N + ^{4}_{2}He \rightarrow ^{17}_{8}O + ^{1}_{1}H$。最终，欧雷斯特·卢瑟福相信，一切渺质子，不过是核结构的，下层级部分。当然，包括氢原子。

　　物理学家簿腊凯特，凭借云室装置，拿 a 粒子，去轰撞氮核。最终，从 40 多万条，穿越径迹中，发现核质子，8 根细偏折线。并且，1 根短粗径迹，分析是核氧的。显然，在云室装置中，凭借 a 粒子，去轰撞氮核时，可释放氧和质子。方程 $^{14}_{7}N + ^{4}_{2}He \rightarrow ^{17}_{8}O + ^{1}_{1}H$。甚至，拿氟、钠或铝药引子，在云室装置中，靠轰撞转变，一样释放质子。

　　因为，在核结构中，观测质量数，可能是电荷的，大概 2 倍样子。所以，欧雷斯特·卢瑟福预言，除正电

荷质子，可能核结构里面，含中性粒子。既然，不带电的，称谓中子。并且，欧雷斯特·卢瑟福认为，呈正电性的，任何核质子；不带电性的，任何核中子。在质量上，应该是相等的。终归，一质量数大小。甚至，由正电性的，可谓核质子；不带电性的，可谓核中子。最终，反应核结构的，总质量数多少。虽然，在核结构中，可谓电荷数，不过是核质子，总数量决定的。显然，欧雷斯特·卢瑟福相信，任何渺中子，一样是核结构的，下层级部分。

　　元素钋衰变的，任何 a 粒子，去轰撞铍核时，可释放高能量的，不带电中子。1932 年，物理学家查德威克，拿高能量中子，石蜡装置里面，去轰撞氢结构。最终，飞溅核质子。既然，守恒动能量的。所以，物理学家查德威克，依据动能量差，推测核中子，大概重量 1.674920×10^{-24} 克，跟正电荷质子，可谓重量相当。并且，物理学家查德威克，依据动能量差，推测核中子，大概速度 2.997990×10^{-9} 米 / 秒，比零质量光子，可谓速度远小。甚至，在磁场里面，观测核中子，无轨道偏转现象。

　　归根结底来说，一切微原子，包括核结构部分，跟外层负电子。因为，一方面核结构部分，含正电荷质子。并且，一方面核结构部分，含高能量中子。所以，可谓微原子，下层级部分，包括质子、中子、电子。当然，除最简单的，一切氢原子。

然而，看起来中子，不是稳定的。显然，可裂解衰变。最终，不过是氢核和电子。或许，方程 ${}^{1}_{0}n \rightarrow {}^{1}_{1}P + {}^{0}_{-1}e$。因为，在动能量转移中，呈现耗损缺失。所以，物理学家泡利预言，可能是中微子，吞噬损缺部分。方程 ${}^{1}_{0}n \rightarrow {}^{1}_{1}P + {}^{0}_{-1}e + {}^{-}v$。

虽然，一切中微子，含强穿透能力。或许，不带电荷性。并且，零质量的。终归，1953 年时候，科学家莱茵斯，凭借探测器，发现中微子。

当然，除中微子。譬如，加速器里面，像物理学家赛格雷，发现反质子、反中子。譬如，宇宙射线里面，像物理学家鲍威尔，发现 π 介子、K 介子。

显然，在宇宙里面，除电子、质子、中子。并且，光能量子。或许，含终极部分。譬如，少质量的，称宇宙轻子。那么，包括负电子。并且，包括电中微子。当然，包括 μ 子。并且，包括 μ 中微子。甚至，包括 £ 子。并且，包括 £ 中微子。虽然，可谓宇宙轻子，不能裂解的。然而，呈现电磁和弱相互作用力，半整数倍自旋。譬如，中质量的，称宇宙介子。那么，包括 π 介子。并且，包括反 π 介子。当然，包括 K 介子。并且，包括反 K 介子。甚至，包括 η 介子。并且，包括反 η 介子。虽然，可谓宇宙介子，不是稳定的。然而，呈现核强相互作用力，零整数倍自旋。譬如，多质量的，称宇宙重子。那么，

中
篇

包括核质子。并且，包括反核质子。当然，包括核中子。并且，包括反核中子。甚至，包括 Σ 超子。并且，包括反 Σ 超子。虽然，可谓宇宙重子，不是稳定的。然而，呈现核强相互作用力，半奇数倍自旋。

因为，无论宇宙介子。纵然，不管宇宙重子。既然，呈现核强相互作用力。所以，称宇宙强子。

1964 年，物理学家默里·盖尨曼，创夸克模型认为，一切渺强子，应该是夸克构成的。默里·盖尨曼认为，在宇宙中，依据特殊味道，分顶夸克 t、底夸克 b、粲夸克 c、奇夸克 s、下夸克 d、上夸克 u。并且，默里·盖尨曼认为，在宇宙中，依据特殊颜色，分红夸克、绿夸克、蓝夸克。甚至，默里·盖尨曼认为，在宇宙中，含数量相等的，反夸克味色。虽然，跟正夸克类，一样质量和对称旋。然而，在电荷和奇异数上，跟正夸克类，反符号的。物理学家默里·盖尨曼，夸克模型中，凭借核强相互作用力，1 下夸克、2 上夸克，一起组构核质子；1 上夸克、2 下夸克，一起组构核中子；1 底夸克、1 反底夸克，一起组构 r 介子；1 上夸克、1 下夸克、1 奇夸克，一起组构 Λ 超子。

一方面来说，可谓强相互作用力，含极限范围的。推测距离大小，不超过 2.0×10^{-15} 米。那么，在极限范围内，凭借强相互作用力，束缚夸克类，被禁闭耦合，不带味和颜色。譬如，1红夸克、1绿夸克、1蓝夸克，一起组构重子。譬如，1红夸克、1绿夸克或1蓝夸克，1反红夸克、1反绿夸克或1反蓝夸克，一起组构介子。然而，在极限范围外，一切强相互作用力，可谓瞬息的，被释放殆尽。最终，导致夸克类，反正对湮灭。

一方面来说，可谓强相互作用力，呈渐近自由性的。虽然，一般能量级下，跟橡筋似的。任意夸克间，若距离拉长，对应强相互作用增大；任意夸克间，若距离缩短，对应强相互作用减小。然而，在高能量级下，可谓强核子，对数耗损缺失。终归，无强相互作用力，束缚夸克类。显然，在高能量状态，可谓夸克类，应该是自由的。譬如，在理想加速器里面，拿能量100Gev，任何核质子，去碰撞湮灭，反核质子。最终，导致夸克类，可自由逃逸。

或许，一切夸克类，在结构上，无限制的，可割裂解离，分层次等级。

然而，默里·盖迩曼模型中，任何夸克类，被强相互作用力，持续禁闭耦合的，不带味和颜色。显然，色禁闭理论认为，在宇宙中，无独孤夸克。

所以，任何夸克类，下层级结构部分，无法确定的。

那么，不妨想象夸克类，大概是层级上，宇宙终极体。

并且，不妨想象夸克类，大抵是能量上，宇宙初始态。

甚至，不妨想象夸克类，可能是宇宙的，最终极部分。

中篇

史蒂芬·霍金认为，大概 10^{-33} 厘米，普朗克尺度里面，不确定性原理限制的，宇宙结构中，任何最终极部分，一概涨落搏动的。显然，呈现孤立的，一份能量泡沫态。譬如，像夸克和轻子。

或许，像夸克和轻子，一份能量泡沫态，应该是圆球体形的。

因为，在宇宙中，大抵圆球状态，可谓最终极的。甚至，在宇宙中，大抵圆球状态，可谓最绝美的。

既然，一切夸克和轻子，大概是层级上，宇宙终极体。并且，一切夸克和轻子，大抵是能量上，宇宙初始态。甚至，一切夸克和轻子，可能是宇宙的，最终极部分。

如果，将夸克和轻子，称最终极的，子宇宙圆球体。

归根结底来说，宇宙，不过是夸克类，子宇宙圆球体，分中子、原子、行星、恒星、银河系、总星系，多层级构成的。

2、宇　宙

　　从地球上，看浩瀚宇宙。现在，大尺度上，分别是太阳、银河、总星系；小尺度上，分别是原子、中子、夸克子。然而，大抵夸克类，在 10^{-33} 厘米，普朗克尺度里面，分结构级次。或许，大爆炸宇宙，可谓总星系，在 360 亿光年外，占拓空地方。所以，看起来宇宙，无穷际阔大，不能搂抱怀中。并且，看起来宇宙，无限制渺小，不能衔搁嘴里。

　　宇宙，像纤细的，一条直线样。穿贯地球坐标点，分别朝夸克，大爆炸宇宙端点，无限制延长。

　　虽然，大爆炸宇宙，跟夸克间，不过是截线段。

　　然而，归根结底来说，无论线段短长，一概是圆黑点，像夸克和轻子，分层级构成的。

譬如，在时间侧面上。大爆炸宇宙，137 亿年前，零时空奇点。大爆炸 10^{-44} 秒内，一切混沌状态。除夸克和轻子，不规则轨迹，持续自由运动外。大爆炸 10^{-36} 秒，呈现强弱相互作用。大爆炸 10^{-10} 秒，凭借强相互作用，束缚夸克和轻子。大爆炸 10^{-6} 秒，呈现氢核和中子。一些夸克构成的。大爆炸 10^{-2} 秒，呈现光子、电子、中微子。甚至，一些氘和氦核子。大爆炸 10^4 年，呈现中性原子。因为，无限多原子，分布密度小，不是弥漫均匀的。所以，牛顿远程引力，不断吸积原子。最终，一些致密地方，在塌缩和旋转中，呈现原始星云。既然，无数雾原子，对应活动范围减小，反倒碰撞强度增大。终归，导致星云点，高温度，核聚变，强塌陷。最终，呈现原始恒星体。或许，当高热温度，大概 10^5K 时，呈现恒星点，主要是氢分子。称恒星体的，初级期阶段。像金牛座 T 型星。甚至，当高热温度，大概 10^7K 时，导致核聚变，由氢原子，朝氦核演化。可辐射热光子，亮澈恒星体。当然，一旦核聚变的，可谓辐射压，跟强吸引力，一过性相等时。那么，原始恒星体，将塌缩停止。看起来体积和温度，平衡稳定的。称恒星体的，主序期阶段。像天琴座织女星。然而，在恒星壳上，持续燃烧蜕变，导致氢原子，不断坠落核区。那么，主序星核心，持续塌陷缩小。导致温度高，中央体积大。不过核辐射量，应该是稳定的。终归，下降恒星壳温度，呈红移现象。称恒星体的，红巨期阶段。像牧夫座 M 型星。如果，红巨星核心，在质量上，比较 1.44M$_⊙$小。那么，可谓等离电子，凭借简排压，平衡吸引力。看起来红巨星核心，应该是静态的。既然，体积小，密度大，色彩亮，称白矮星。像天狼 B。如果，红巨星核心，在质量上，比较 1.44M$_⊙$大。并且，不超过 3.2M$_⊙$。那么，一切等离电子，凭借简排压，无法抵抗引力。最终，导致红巨星核心，持续收缩塌陷。上抬核温度，分解重原子。终归，除氢核质子。或许，含中性粒子。并且，可吸纳负电子。那么，呈辐射状，去释解中微子。甚至，当超强透性的，零质量中微子，突破恒星壳时。最终，在红巨星核心，可能是铁和中子。显然，看起来红巨星核心，可谓体积小，半径 10 公里样子。不过密度大，1 立方厘米，可能重 10^5 克。既然，传递周期性的，电磁波信号，称脉冲星。像金牛 NP0532。如果，红巨星核心，在质量上，比较 3.2M$_⊙$大。那么，可谓等离电子，凭借简排压，不能抵抗引力。最终，导致红巨星核心，无限塌缩演化。甚至，一切红巨星质量，零距离集合。显然，看起来密度，无限制重大。并且，看起来体积，无限制微小。或许，可控制范围内，一切结构部分。并且，可吸噬范围外，一切坠落东西。甚至，包括运动最快的，光能量粒子。既然，在终结地方，呈零时空奇点，称黑洞体。像天鹅 X-1。

所以，包括黑洞、脉冲、白矮星。当然，含地球、太阳和银河系。最终，分层级形式，呈现总星系，大爆炸宇宙。

譬如，在空间侧面上。大爆炸宇宙，推测 10^{-33} 厘米，普朗克尺度里面，一概是夸克和轻子。凭借强相互作用，一定数夸克类，被禁闭集合，呈现氢核和中子。像 1 下夸克、2 上夸克，一起组构核质子。像 1 上夸克、2 下夸克，一起组构核中子。推测 10^{-7} 厘米，小尺度范围内，大多是球体原子。在结构上，含外层负电子。并且，在核地方，包括正质子。甚至，不带电中子。显然，像 1 核质子、1 负电子，一起组构氢原子。像 8 核质子、8 核中子、8 负电子，一起组构氧原子。那么，中尺度范围。像地球体，含微原子，大抵 1.33×10^{50} 数量。或许，主要是太阳抛撒的，像氢和氦。少数是核衰变的，像铀和钍。一些是原始矿藏的，像钚和锝。一些是宇宙射线的，像碳 14 原子。在气层区，少数是惰性原子，像氩和氖。大多数是分子，像氧和氮气。在表层区，主要是化合物原子，像水、盐、酸和碱类。在地壳区，主要是玄武岩成分，像铅和铁。在地幔区，主要是橄榄石成分，像硅和镁。在地核区，主要是重金属成分，像铁和镍。并且，像月球体，从阿波罗 11 号，飞船航器体携带的，一些月表泥壤岩石标本，发现是硅、铝、钙、铁、钛和钴成分。甚至，像太阳恒星体，依据光谱吸收线知道，主要是氢氦成分。少数氧、碳、氖、镁和铁原子。推测100万光年，大尺度范围内。像银河系，千亿恒星体，不过是太阳成分。大量弥漫星云，主要是氢原子。无限多数的，气体、尘埃类，可能是二氧化硅矿粉、石墨晶体、甲烷冰、氨和水。推测360亿光年范围内，不过是银河似的，上千亿星系。所以，包括夸克、中子、小原子。当然，含地球、太阳和银河系。最终，分层级形式，呈现总星系，大爆炸宇宙。

或许，一切夸克和轻子，在结构上，无限制的，可割裂解离，分层次等级。

然而，大概10^{-33}厘米，普朗克尺度里面。终归，一切夸克和轻子，被强相互作用力，持续禁闭耦合的，不带味和颜色。譬如，1下夸克、2上夸克，一起组构核质子。譬如，1上夸克、2下夸克，一起组构核中子。譬如，1红夸克、1绿夸克、1蓝夸克，一起组构重子。譬如，1红夸克、1绿夸克或1蓝夸克，1反红夸克、1反绿夸克或1反蓝夸克，一起组构介子。

显然，色禁闭理论认为，在宇宙中，无独孤夸克和轻子。

既然，任何夸克和轻子，下层级结构部分，不是确定的。

那么，不妨想象夸克和轻子，大概是层级上，宇宙终极体。

并且，不妨想象夸克和轻子，大抵是能量上，宇宙初始态。

所以，归根结底来说，可谓夸克和轻子，不过是宇宙的，最终极部分。

既然，含地球、太阳和银河的，大爆炸宇宙，一直膨胀退移的。

那么，不难想象过去，应该是体积小。或许，137亿年前，零时空奇点。并且，依据弗栗德曼模型知道，大爆炸宇宙，比较临膨胀率，平均密度小，不超过10％样子。纵然，含黑洞、反物质和暗能量。当然，导致吸引弱，反倒膨胀强。未来，当极限时，将膨胀弥散的。最终，不规则混状。像皮球爆破。甚至，在360亿光年外，被周围星系，不断噬掠和瓜分。显然，大爆炸宇宙外，应该是剩余，一些空地方。

所以，归根结底来说，含地球、太阳和银河的，大爆炸宇宙，可谓总星系，呈现局限性。终归，不过是宇宙的，一级结构部分。虽然，看起来层级上，比夸克类高。

因为，俄罗斯物理学家，弗栗德曼认为，比较临膨胀率，若均密度大。显然，可谓吸引强，反倒膨胀弱。那么，推测总星系，当极限时，将收缩塌陷的。最终，零时空奇点。像皮球缩小；比较临膨胀率，若均密度适中。显然，可谓吸引作用力，跟膨胀效应相当。那么，推测总星系，当极限时，可膨缩停止。像皮球静态；比较临膨胀率，若均密度小。显然，可谓吸引弱，反倒膨胀强。那么，推测总星系，当极限时，将膨胀弥散的。最终，不规则混状。像皮球爆破。

虽然，在宇宙中，任何总星系。终归，零时空奇点，大爆炸 t_0 初始，持续膨胀和降温环境下，分层级构成的。纵然，依据弗栗德曼模型知道，可谓临膨胀率，跟均密度适中。那么，牛顿吸引作用力，跟膨胀效应相当。最终，导致总星系，当极限时，可膨缩停止。然而，在宇宙里面，不确定事件，可破缺静态。譬如，在总星系，极限范围外。一些游荡恒星体。甚至，少数独孤星系。因为，不确定事件，一旦飘坠总星系，极限范围内。像稻草似的。当然，导致总星系，对应质量增大。那么，比较临膨胀率，平均密度高。显然，应该是吸引强，反倒膨胀弱。所以，当总星系，t_n 极限时，将收缩塌陷的。最终，零时空奇点。譬如，在总星系，极限范围内。一些游荡恒星体。甚至，少数独孤星系。因为，不确定事件，一旦飘逸总星系，极限范围外。像稻草似的。当然，导致总星系，对应质量减少。那么，比较临膨胀率，平均密度低。显然，应该是吸引弱，反倒膨胀强。所以，当总星系，t_n 极限时，将膨胀弥散的。最终，不规则混状。

显然，除总星系，含地球、太阳和银河的，大爆炸

中
篇

YUZHOU

宇宙外。终归，宇宙中，含零时空奇点、不规则混状、大爆炸宇宙、大静态宇宙、大塌缩宇宙。

归根结底来说，一些宇宙地方，应该是膨胀的；一些宇宙地方，应该是静态的；一些宇宙地方，应该是塌缩的；一些宇宙地方，像黑洞似的。或许，零时空奇点；一些宇宙地方，像浮云似的。或许，不规则混状。终归，一概是宇宙部分。

一方面来说，色禁闭理论认为，在普朗克尺度，大概 10^{-33} 厘米中，一切夸克和轻子，被强相互作用力，持续禁闭耦合的，不带味和颜色。所以，在宇宙中，无独孤夸克和轻子。显然，任何夸克和轻子，下层级结构部分，不是确定的。既然，大概是层级上，宇宙终极体；大抵是能量上，宇宙初始态。那么，不妨想象夸克和轻子，可能是宇宙的，最终极部分。

一方面来说，弗栗德曼模型认为，在总星系，含地球、太阳和银河的，大爆炸宇宙，360 亿光年外，含零时空奇点、不规则混状、大爆炸宇宙、大静态宇宙、大塌缩宇宙。虽然，一些宇宙地方，应该是膨胀的；一些宇宙地方，应该是静态的；一些宇宙地方，应该是塌缩的；一些宇宙地方，像黑洞似的。或许，零时空奇点；一些宇宙地方，像浮云似的。或许，不规则混状。然而，一概是宇宙部分。

如果，将夸克和轻子，称最终极的，子宇宙圆球体。

宇宙，不过是夸克类，子宇宙圆球体，分中子、原子、行星、恒星、银河系、总星系、零时空奇点、不规则混状、大爆炸宇宙、大静态宇宙、大塌缩宇宙，多层级构成的。

因为，子宇宙圆球体，在数量上，不能确定多少。或许，无限多数量的。

所以，不难想象中子、原子、行星、恒星、银河系、总星系、零时空奇点、不规则混状、大爆炸宇宙、大静态宇宙、大塌缩宇宙，可能数量上，无限制多的。

显然，任何位置上，宇宙结构部分，一概是均匀的。并且，任何朝线上，宇宙结构部分，一概是等性的。甚至，任何钟点上，宇宙结构部分，一概是均等的。

归根结底来说，宇宙，无限、均匀和等性的。

中
篇

3、第一宇宙属性

虽然，太阳亮光，从缝隙中，穿越云雾时，看起来线形的。

然而，皮球碰撞墙壁，可弹折似的。因为，反射光现象。1675 年，艾萨克·牛顿相信，任何源能光，呈现微粒性。甚至，木棒碰搅湖水，可涟漪似的。因为，折射光现象。1690 年，科学家惠涅斯相信，任何源能光，呈现波动性。

1801 年，物理学家托马斯·杨，在双缝壁屏中，发现规则的，一些亮暗纹。并且，条纹距离上，观测红波的，可谓隔幅最长；反倒紫波的，可谓隔幅最短。因为，干涉光现象。所以，托马斯·杨认为，任何源能光，应该是波动性的。

因为，一束碳弧灯光，穿越狭缝孔，击射壁屏时。

若缝隙宽大。那么，光轨迹笔直的。并且，在壁投影上，观测亮纹宽度，跟缝隙相当。然而，若缝隙窄小。那么，光轨迹偏折的。并且，在壁投影上，观测亮纹宽度，比缝隙增大。甚至，一束碳弧灯光，穿越圆形孔，击射壁屏时。若圆孔较大。那么，光轨迹笔直的。并且，在壁投影上，观测亮纹大小，跟圆孔相等。当然，若圆孔较小。那么，光轨迹聚拢的。并且，在壁投影上，观测亮纹斑点，比圆孔缩小。然而，当圆圈孔口，一定范围小。那么，光轨迹辐射的。显然，导致壁投影上，呈现亮暗圆环纹。并且，观测环面积，比圆圈孔大。虽然，在壁投影核心，含泊松斑点。所以，物理学家菲涅珥相信，任何源能光，呈现波动性。譬如，当碳弧灯光，穿越圆形孔，击射壁屏时。若圆圈孔口，比碳弧灯光，对应振动波长，一定范围小。那么，光圆环纹放大，呈衍射现象。跟涟漪湖水，绕障碍棒子，可拐弯似的。

1865 年，科学家麦克斯韦，创电磁场理论。像涟漪湖水。若电磁场，呈周期性，交替电磁改变。最终，一定运动速度，传递电磁波。并且，麦克斯韦预言，光运动形式，应该是电磁波。

1888 年，物理学家赫兹，在线圈感应中，观测电磁波速度，光运动相当，$c = 3.00 \times 10^8$ 米 / 秒。甚至，光波运动似的。显然，物理学家赫兹，观测电磁波，呈衍射现象。

1900 年，科学家普朗克，创量粒理论。因为，观测黑体辐射中，任何谐振子，可谓能量状态，不是连续的。所以，普朗克认为，导致黑体辐射东西，不过是孤立的，一份能量粒子。像雨滴点。并且，若辐射粒子，含极限频率 γ。那么，一份黑体辐射能量大小，应该是 γ 整倍数。方程 $E=h\gamma$，h 普朗克常量。

譬如，像光电效应。一锃亮锌板，连接验电器时。因为，在锌板中，正负电荷相当。显然，呈电荷中性的。所以，验电器指针，一直闭合状态。然而，拿碳弧灯光，去照射锌板时。发现验电器指针，呈锐角张开。像剪刀似的。看起来光照作用下，导致锌板带电性。分析是金属上，少数负电子，一次性吸收，光电磁波能量。那么，当负电子，动能量增高时，可摆脱锌板限定，不断逃逸离去。最终，金属锌板中，余剩正电荷，凭借排斥力，分拔验电器指针。并且，金属板锌原子，含极限频率。如果，当碳弧灯光，比锌极限频率小。那么，不管照射短长。终归，无光电效应。如果，当碳弧灯光，比锌极限频率大。那么，不管照射强弱。终归，呈光电效应。甚至，观测光电子，可谓初始动能大小，跟碳弧灯光，对应极限频率，正比例关系。不像波动理论认为，光电效应大小，由照射强度或时间决定的。

1905 年，依据量粒论，爱因斯坦认为，光电磁波能量，不是连续的。所以，传递电磁波，应该是孤立的，一份能量粒子。譬如，一米暖阳光，看起来线形的。然而，不过是光粒子，一定数排串。并且，爱因斯坦相信，一份光粒子，可谓能量多少，跟极限频率，正比例关系。方程 $E=h\gamma$，h 普朗克常量。显然，爱因斯坦认为，任何源能光，呈现微粒性。譬如，像光电效应。

显然，任何源能光，含波粒二象性。譬如，反射现象、光电效应，呈现微粒性。譬如，干涉现象、衍射效应，呈现波动性。

1924 年，法国物理学家，路易·德布罗意认为，一切运动微量子，含波粒二象性。显然，德布罗意相信，一质量 m 和速度 V 粒子，可谓极限波长 λ，应该是普朗克常量 h，除动能 mV 值。方程 $\lambda=h/mV$。譬如，像自由电子，若 10^7 米/秒速度。那么，推测极限波长，跟伦琴射线相当。

1926 年，美国物理学家戴维森，发现束电子，穿越铝箔时，导致衍射现象。在泊松斑外，呈亮暗圆环纹，像伦琴射线造成的。并且，物理学家戴维森，发现晶体点阵中，可衍射波动的。显然，除自由电子。甚至，包括质子、中子、原子、分子。

然而，干涉双缝中。若照射光，时间短，强度小。那么，穿越狭缝时，观测是孤立的，一份能量子。所以，

击射照相影迹，呈混乱亮点；若照射光，时间长，强度大。那么，穿越狭缝时，观测是排串的，一束亮线系。所以，击射照相影迹，呈干涉线纹。显然，一份光粒子，单独运动效应，呈现微粒性。终归，一束光粒子，大量运动效应，呈现波动性。

既然，一方面光粒子，单独运动时，呈现随机性；一方面光粒子，大量运动时，呈现规律性。譬如，干涉双缝现象。一份光粒子，允许运动地方，应该是随意的；一束光粒子，允许运动地方，应该是限定的。因为，干涉暗纹区，观测光粒子，可谓数量少；干涉亮纹区，观测光粒子，可谓数量多。所以，爱因斯坦认为，光波振幅大小，不过是云密度多少。归根结底来说，大量光粒子，可谓运动地方，呈概率性的。

甚至，像氢原子。除核结构外，一负电荷粒子。或许，允许负电子，可自由运动地方，应该是随意的。然而，一方面负电子，离核结构越近。纵然，云雾浓度大。不过轨道壳的，对应球面积小。当然，含负电子，对应数量少；一方面负电子，离核结构越远。纵然，壳球面积大。不过弥漫状的，对应雾浓度小。当然，含负电子，对应数量少。最终，从云雾密度上，发现负电子，比例数最多的，不过是波尔氢原子，对应极限能态，一薄球壳上，半径 $r=0.53 \times 10^{-10}$ 米。显然，波尔氢原子，可谓极限能态，对应轨道球壳。终归，不过是负电子，允许运动概率，可能最高的，一局限地方。

既然，任何氢原子，含波粒二象性。那么，像太阳系。外层负电子，绕核结构运动。当然，不妨想象负电子，沿极限轨道波动。所以，量粒论认为，一定轨道球壳的，对应圆周长，跟外层负电子，绕核结构运动时，极限波幅整数倍相当。因为，一圈循环原点，应该是整数电子。显然，外层负电子，绕核结构波动，不是随意的。或许，呈现运动概率。终归，可谓轨道数多少，不过是限定的；可谓波振幅短长，不过是确定的。归根结底来说，应该是氢原子，不连续能级决定的。

1926年，德国物理学家，威纳·海森堡认为，可谓德布罗意粒子，遵循能量态，不确定性原理。譬如，预测德布罗意粒子，一些将来信息，无论轨道位置，不管运动速度。当然，应该确定的，可能是初始状态。像轨道位置部分。因为，光照射时，可谓德布罗意粒子，将散射损失，一些光能量。最终，在散射地方，呈现德布罗意粒子，初始轨道位置。不过散射现象，应该是波峰幅度，比德布罗意粒子，一直径数小。并且，不能随意的，无限制短小。或许，大概终极限度，应该是光量子，一整倍数波长。那么，不难想象光子，若能量越大，导致散射现象，对应德布罗意粒子，在轨道位置上，观测精

中篇

准性越高。然而，若吸收动能越多。那么，不难想象德布罗意粒子，在运动速度上，干扰影响越大。所以，观测运动速度，可谓精准性越低。显然，一切德布罗意粒子，若轨道位置上，观测精准性越高。那么，在运动速度上，不确定性越强。并且，一切德布罗意粒子，若运动速度上，观测精准性越高。那么，在轨道位置上，不确定性越强。

甚至，像夸克和轻子。史蒂芬·霍金认为，大概 10^{-33} 厘米，普朗克尺度里面，不确定性原理限制的，宇宙结构中，任何最终极部分，一概涨落搏动的。显然，呈现孤立的，一份能量泡沫态。并且，可谓涨落搏动形式，应该是节律周期性的。

或许，子宇宙部分，应该是圆球体形的。

因为，在宇宙中，大抵圆球状态，可谓最终极的。甚至，在宇宙中，大抵圆球状态，可谓最绝美的。

既然，依据量粒论知道，子宇宙圆球体，含极限能量 E_0。方程 $E_0 = h\gamma_0$，h 普朗克常量。虽然，无论能量多少。终归，子宇宙圆球体，呈现能量场。那么，不难想象能量场状态，呈现强弱差。在圆球体核心，可谓能量场最强；在圆球体缘边，可谓能量场最弱。并且，从强核心，朝弱缘边，呈辐射状，持续延伸和递减的。最终，在能量场强弱差影响下，子宇宙圆球体，一方面能量场核心，凭借强辐射性，导致圆球体，呈现膨胀效应；一方面能量场缘边，凭借强表张性，导致圆球体，呈现塌缩效应。所以，归根结底来说，大概 10^{-33} 厘米，普朗克尺度里面，子宇宙圆球体，节律周期性，持续膨胀和塌缩的。终归，像史蒂芬·霍金模型中，一份能量泡沫态，节律涨落搏动似的。

一方面来说，无论能量多少。终归，子宇宙圆球体，不过是能量微粒。那么，不难想象圆球体的，节律膨胀和塌缩速度，由极限能量 E 决定的。归根结底来说，子宇宙极限能量越强。那么，导致圆球体的，节律膨胀和塌缩频率，应该是越快。并且，子宇宙极限能量越弱。那么，导致圆球体的，节律膨胀和塌缩频率，应该是越慢。显然，子宇宙极限能量 E，跟圆球体的，节律膨胀和塌缩频率 γ，正比例关系。方程 $E=h_0\gamma$，h_0 宇宙常数。所以，子宇宙圆球体，含能量微粒属性。最终，大概 10^{-33} 厘米，普朗克尺度里面，子宇宙圆球体，呈现量粒性。始终，一份膨胀和塌缩能量子。

一方面来说，无论体积大小。终归，子宇宙圆球体，不过是能量场波。那么，不难想象圆球体的，节律膨胀和塌缩幅度，由极限能量 E 决定的。归根结底来说，子宇宙极限能量越强。那么，导致圆球体的，节律膨胀和塌缩波长，应该是越窄。并且，子宇宙极限能量越弱。那么，导致圆球体的，节律膨胀和塌缩波长，应该是越宽。

中篇

显然，子宇宙极限能量 E，跟圆球体的，节律膨胀和塌缩波长 λ，反比例关系。方程 $E=h_0/\lambda$，h_0 宇宙常数。所以，子宇宙圆球体，含能量场波属性。最终，大概 10^{-33} 厘米，普朗克尺度里面，子宇宙圆球体，呈现场波性。始终，一圈膨胀和塌缩能场波。

归根结底来说，子宇宙圆球体，含场量二象性。

譬如，像量粒性部分。纵然，无论能量多少。终归，子宇宙圆球体，不过是能量微粒。显然，子宇宙极限能量 E，跟圆球体的，节律膨胀和塌缩频率 γ，正比例关系。方程 $E=h_0\gamma$，h_0 宇宙常数。

譬如，像场波性部分。纵然，无论体积大小。终归，子宇宙圆球体，不过是能量场波。显然，子宇宙极限能量 E，跟圆球体的，节律膨胀和塌缩波长 λ，反比例关系。方程 $E=h_0/\lambda$，h_0 宇宙常数。

既然，子宇宙圆球体，含场量二象性。那么，无论能量多少，不管体积大小。终归，子宇宙圆球体，含极限能量场的。当然，不难想象能量场状态，呈现强弱差。在圆球体核心，可谓能量场最强；在圆球体缘边，可谓能量场最弱。并且，从强核心，朝弱缘边，呈辐射状，持续延伸和递减的。显然，比较能量场范围，可谓圆球体积小。像太阳系。依照光球层，半径 66 万公里；依照能场圈，半径 2.3 光年。所以，无限多数量的，子宇宙间。

虽然,在圆球体角度,分割隔离的。然而,在能量场角度,交缠融混的。

归根结底来说,宇宙,充满能量场,无空洞地方。纵然,无限、均匀和等性的。

如果,子宇宙集合。终归,一定数量的,子宇宙圆球体,凭借膨胀和塌缩效应,分层级构成的。那么,不难想象种类上,子宇宙圆球体集合,无限多样的。譬如,小尺度上,子宇宙夸克集合。显然,像1下夸克、2上夸克,一起组构核质子;像1上夸克、2下夸克,一起组构核中子;像1红夸克、1绿夸克、1蓝夸克,一起组构重子;像1红夸克、1绿夸克或1蓝夸克,1反红夸克、1反绿夸克或1反蓝夸克,一起组构介子。甚至,小尺度上,子宇宙元素集合。显然,像1核质子、1负电子,一起组构氢原子;像8核质子、8核中子、8负电子,一起组构氧原子。譬如,中尺度上,子宇宙行星集合。像地球体,大抵 1.33×10^{50} 数量,元素微原子,分层级构成的。譬如,大尺度上,子宇宙恒星集合。一定数量的,地球体类,像水星、金星、火星、木星、土星、天王星和海王星。最终,呈现太阳系。那么,子宇宙银河集合。千亿恒星类;无限多数的,气体、尘埃粒;包括黑洞、暗能量。最终,呈现银河系。并且,子宇宙星团集合。千亿银河外系;无限多数的,气体、尘埃粒;包括黑洞、反物质、暗能量。

中
篇

最终，呈现总星系。甚至，像360亿光年范围外，无限多数的，子宇宙黑洞、零时空奇点、不规则混状、大爆炸宇宙、大静态宇宙、大塌缩宇宙集合。

并且，任何种类的，子宇宙圆球体集合。譬如，像中子、原子、行星、恒星、银河系、总星系、大爆炸宇宙、大静态宇宙、大塌缩宇宙、零时空奇点、不规则混状集合。既然，一定数量的，子宇宙圆球体，凭借膨胀和塌缩效应，分层级构成的。当然，含极限能量集合。那么，无论能量多少，不管体积大小。归根结底来说，像夸克类似的，呈现场量二象性。

虽然，看起来结构形态，无限多样的。譬如，像太阳系，呈椭圆状。譬如，像银河系，呈漩涡状。然而，任何种类的，子宇宙圆球体集合。终归，不难想象能量场状态，应该是圆球体形的。显然，呈现强弱差。在圆球体核心，可谓能量场最强；在圆球体缘边，可谓能量场最弱。并且，从强核心，朝弱缘边，呈辐射状，持续延伸和递减的。或许，零强度区，离圆球体核心，无限遥远的。所以，凭借圆球体集合，节律膨胀和塌缩效应，呈现量粒性。任何种类的，子宇宙集合。可谓极限能量 E，跟圆球体的，节律膨胀和塌缩频率 γ，正比例关系。方程 $E=h_0\gamma$，h_0 宇宙常数。甚至，凭借圆球体集合，节律膨胀和塌缩效应，呈现场波性。任何种类的，子宇宙集合。可谓极限能量 E，跟圆球体的，节律膨胀和塌缩波长 λ，反比例关系。方程 $E=h_0/\lambda$，h_0 宇宙常数。

当然，小尺度上，子宇宙集合，可谓最抢眼的，应该是量粒性。因为，看起来场波性，反倒隐略的；大尺度上，子宇宙集合，可谓最抢眼的，应该是场波性。因为，看起来量粒性，反倒隐略的。

第一宇宙属性。任何种类的，子宇宙圆球体；任何种类的，子宇宙集合。终归，含场量二象性。

譬如，像量粒性部分。纵然，无论能量多少。然而，任何种类的，子宇宙圆球体。甚至，任何种类的，子宇宙集合。显然，不过是能量点。所以，任何种类的，子宇宙圆球体。并且，任何种类的，子宇宙集合。终归，可谓极限能量 E，跟圆球体的，节律膨胀和塌缩频率 γ，正比例关系。方程 $E=h_0\gamma$，h_0 宇宙常数。

譬如，像场波性部分。纵然，不管体积大小。然而，任何种类的，子宇宙圆球体。甚至，任何种类的，子宇宙集合。显然，不过是能场波。所以，任何种类的，子宇宙圆球体。并且，任何种类的，子宇宙集合。终归，可谓极限能量 E，跟圆球体的，节律膨胀和塌缩波长 λ，反比例关系。方程 $E=h_0/\lambda$，h_0 宇宙常数。

中篇

4、第一宇宙定律

或许，在宇宙中，不能疏略的，大抵是相互作用力。

艾撒克·牛顿认为，在宇宙中，呈现吸引力。譬如，地球吸引力，导致苹果落体运动；太阳吸引力，导致地球椭圆运动。并且，艾撒克·牛顿相信，遵循经典定律，任何质量体间，可谓吸引力，跟质量乘积，正比例关系；跟距离平方，反比例关系。方程 $F=Gm_1m_2/r^2$。

可谓电磁相互作用。或许，电磁场造成的。显然，一种性质的，呈现电荷排斥力；异种性质的，呈现电荷吸引力。譬如，含电荷琥珀，可吸引绸丝；马蹄形磁铁，可驱扫矿粉。并且，电磁相互作用，遵循库仑定律。终归，点荷作用人小，跟电量乘积，正比例关系；跟距离平方，反比例关系。方程 $F=kQ_1Q_2/r^2$。甚至，凭借电磁相互作用，在氢核外，束缚负电子，沿能级轨道，绕核结构运动。像地球体，在太阳系，沿椭圆轨道运动似的。

可谓弱相互作用。显然，看起来短程微渺的。并且，对称性小。包括电荷共振和时空演变，大多遭破坏缺失。甚至，包括奇异和粲底数，不是守恒的。像微原子，导致核衰变，呈放射性现象。譬如，一 β 衰变中子，靠夸克味转化。最终，应该是质子、电子、反中微子。

可谓强相互作用。终归，一种核吸引力，对应范围小，不超过 2.0×10^{-15} 米。像夸克间。凭借强相互作用，可禁闭夸克，不带味和颜色。譬如，像 1 下夸克、2 上夸克，一起组构核质子；像 1 上夸克、2 下夸克，一起组构核中子；像 1 红夸克、1 绿夸克、1 蓝夸克，一起组构重子；像 1 红夸克、1 绿夸克或 1 蓝夸克，1 反红夸克、1 反绿夸克或 1 反蓝夸克，一起组构介子。显然，在宇宙中，无独孤夸克。甚全，在强相互作用卜，任何微原子，应该是稳定的。无论中子、质子、电子。最终，在能级轨道线上，无奈徘徊运动的。

然而，归根结底来说，应该是宇宙中，无相互作用力。

在地理学上，可谓等高线，由海拔数相当，一串巅峰点，投影标准面，勾画圈贯成的。显然，一方面等高线，应该是封闭的。终归，任何等高线，不能重叠触交；一方面等高线，应该是弧曲的。终归，任何等高线，不

中
篇

084

能笔直坦匀。并且，在等高线上，一些稠密地方，看起来坡度，应该是陡峭的；在等高线上，一些稀疏地方，看起来坡度，应该是舒缓的。

如果，将极限能量相等的，子宇宙圆球体或集合，对应能场运动点，在宇宙中，一圈珠贯轨迹，称极限等能场线。那么，不难想象等能场线，应该是封闭和弧曲的。既然，允许宇宙中，不等极限能量的，子宇宙圆球体；不等极限能量的，子宇宙集合。在数量上，无限制多的。显然，在宇宙中，可谓等能场线条，无穷根数量。并且，任何等能场线条，不是笔直坦匀；任何等能场线间，不是重叠触交。甚至，任何种类的，子宇宙圆球体或集合，若极限能量越强。相信，占等能场线条，对应弧曲越大；任何种类的，子宇宙圆球体或集合，若极限能量越弱。相信，占等能场线条，对应弧曲越小。

既然，任何极限等能场线，无论弧曲大小。终归，由极限能量相等的，子宇宙圆球体或集合，对应能场运动点，一圈珠贯成的。那么，不难想象数量上，无限制多的，子宇宙圆球体或集合。始终，沿极限等能场线，无奈徘徊运动的。虽然，不管能量多少。譬如，像太阳系。包括水星、金星、地球、火星、木星、土星、天王星和海王星，分别沿极限等能场线，一概椭圆运动的。

显然，可谓相互作用力。譬如，像强弱相互作用、电磁和吸引力。归根结底来说，子宇宙圆球体或集合，沿极限等能场线，无奈徘徊运动结果。终归，不过是运动属性。所以，在宇宙中，无相互作用力。

譬如，看起来点荷间，呈电磁相互作用。一种性质的，呈现电荷排斥力；异种性质的，呈现电荷吸引力。或许，遵循库仑定律，点荷作用大小，跟电量乘积，正比例关系；跟距离平方，反比例关系。方程 $F=kQ_1Q_2/r^2$。像氢原子，凭借电磁相互作用力，束缚氢核结构，跟外层负电子。始终，让外层负电子，允许轨道上，绕氢核结构运动。纵然，一次性吸收或辐射能量时，交换1自旋的，零质量光子，导致跃迁现象。然而，不过是氢原子，一次性吸收或辐射能量。导致负电子，对应极限能量，不连续改变。最终，在跃迁的，对应轨道上，绕氢核结构运动。显然，归根结底来说，应该是氢原子，一级能量状态。导致负电子，沿极限等能场线运动。当然，一种运动属性。如果，含电磁相互作用力。那么，不难想象负电子，呈加速度，沿螺旋轨道坠落。终归，被氢核噬灭。所以，在宇宙中，无电磁相互作用力。

譬如，看起来核素间，呈弱相互作用。或许，可能是短程微渺的。并且，对称性小。包括电荷共振和时空演变，大多遭破坏缺失。甚至，包括奇异和粲底数，不是守恒的。像钴原子，凭借弱相互作用力，交换1自旋的，

重矢量 W$^-$ 玻色子，导致核衰变。方程 $^{60}_{27}Co \rightarrow ^{60}_{28}Ni+^-e+^-ve$。因为，一切 ^1_0n 中子，不是稳定的，$^1_0n \rightarrow ^1_1P+^0_{-1}e+^-v$。最终，上下夸克味改变，$d \rightarrow u+w^-$，$w^- \rightarrow ^-e+^-ve$。然而，不过是钴原子，一旦核衰变。导致夸克类，对应极限能量，不连续改变。一 d 味夸克，靠能量损失，在跃迁的，对应轨道上，呈 u 味夸克运动。显然，归根结底来说，应该是钴原子，一级能量状态。导致夸克类，沿极限等能场线运动。当然，一种运动属性。如果，含弱相互作用力。那么，不难想象 d 夸克，呈加速度，沿螺旋轨道坠落。终归，被 u 夸克噬灭。所以，在宇宙中，无弱相互作用力。

譬如，看起来夸克间，呈强相互作用。或许，一种核吸引力。对应范围小，不超过 2.0×10^{-15} 米。可禁闭夸克，不带味和颜色。像 1 下夸克、2 上夸克，一起组构核质子；像 1 上夸克、2 下夸克，一起组构核中子。虽然，在高能量级下，可谓强核子，对数耗损缺失，无法控制夸克。终归，一般能量级下，跟橡筋似的。任意夸克间，若距离拉长，对应吸引增强；任意夸克间，若距离缩短，对应吸引减弱。像颜夸克类。交换 1 自旋胶子，传递强相互作用力。像 1 红夸克、1 绿夸克、1 蓝夸克，一起组构重子；像 1 红夸克、1 绿夸克或 1 蓝夸克，1 反红夸克、1 反绿夸克或 1 反蓝夸克，一起组构介子。然而，归根结底来说，小尺度里面，子宇宙夸克集合。像微重子，包括 1 红夸克、1 绿夸克、1 蓝夸克，分别沿极限等能场线，对应轨道运动的；像微介子，包括 1 红夸克、1 绿夸克或 1 蓝夸克，1 反红夸克、1 反绿夸克或 1 反蓝夸克，分别沿极限等能场线，对应轨道运动的。当然，一种运动属性。如果，含强相互作用力。那么，不难想象夸克集合的，一切结构部分，呈加速度，沿螺旋轨道坠落。最终，交错缠绕湮灭。所以，在宇宙中，无强相互作用力。

譬如，看起来星球间，呈现吸引力。或许，一种远程效应。在宇宙中，无限多星系，气体、尘埃、恒星、黑洞、反物质和暗能量。凭借吸引力，一概运动的。像地球吸引力，导致苹果落体运动；像太阳吸引力，导致地球椭圆运动。并且，无论渺粒子，不管超星团。甚至，像星团和粒子。遵循经典定律，任何质量体间，可谓吸引力，跟质量乘积，正比例关系；跟距离平方，反比例关系。方程 $F=Gm_1m_2/r^2$。像太阳系。交换 2 自旋能场波子，传递吸引力，束缚星体类，允许轨道上，绕太阳运动。然而，归根结底来说，大尺度里面，子宇宙恒星集合。像太阳系，包括月亮、地球、天王星，分别沿极限等能场线，对应轨道运动的；像太阳系，包括泰坦、哈雷、特洛伊，分别沿极限等能场线，对应轨道运动的。当然，一种运动属性。如果，含远程吸引力。那么，不难想象恒星集

中
篇

合的，一切结构部分，呈加速度，沿螺旋轨道坠落。最终，交错缠绕湮灭。所以，在宇宙中，无相互吸引力。

既然，任何种类的，子宇宙集合。可谓能量场状态，呈现强弱差。在圆球体核心，对应能量场最强；在圆球体缘边，对应能量场最弱。并且，从强核心，朝弱缘边，呈辐射状，持续延伸和递减的。或许，零强度区，离圆球体核心，无限遥远的。

甚至，任何种类的，子宇宙集合。因为，一方面极限能量，可谓相等的，下层级结构部分，在数量上，无限制多的。所以，对应极限等能场线集合，不难想象封闭的，一薄球面壳。因为，一方面极限能量，不是相等的，下层级结构部分，在数量上，无限制多的。所以，对应极限等能场线球壳，不难想象裹套的，无限多圈层。

显然，任何种类的，子宇宙集合。归根结底来说，不过是数量上，无限制多的，下层级结构部分，对应极限等能场线球壳，从强核心，朝弱缘边，呈等圆心，分级圈裹套的。

并且，子宇宙集合中，任何极限等能场线球壳，不重叠、聚交。反倒绝对的，平行、散隔样子。

甚至，任何结构部分，若极限能量越强。那么，离圆球体核心，应该是越近的。当然，对应等能场线球壳的，半径和体积越小。虽然，反倒等能场线条，对应弧曲越大；

任何结构部分，若极限能量越弱。那么，离圆球体核心，应该是越远的。当然，对应等能场线球壳的，半径和体积越大。虽然，反倒等能场线条，对应弧曲越小。

如果，一次性吸收或辐射能量时。那么，下层级结构部分，凭借额外功，在极限等能场线球壳间，允许跃迁现象。当然，不是等能场线叠交。

所以，任何种类的，子宇宙圆球体和集合。始终，沿极限等能场线运动的。当然，除额外功效应，导致跃迁现象。

譬如，像太阳系。终归，包括水星、金星、地球、火星、木星、土星、天王星和海王星。始终，对应等能场线球壳上，无奈徘徊运动。显然，可谓太阳系，从能量场强核心，呈辐射状，朝能量场弱缘边，由地球体类，一切结构部分，对应等能场线球壳，分级圈裹套的。当然，任何等能场线球壳，不重叠触交，反倒散隔样子。因为，像水星体，含极限能量强。所以，离太阳近。虽然，导致等能场线球壳的，半径和体积小。然而，反倒等能场线条，对应弧曲大。因为，像海王星，含极限能量弱。所以，离太阳远。虽然，导致等能场线球壳的，半径和体积大。然而，反倒等能场线条，对应弧曲小。如果，当水星体，一次性辐射能量时。因为，导致极限能量减弱。所以，凭借额外功，在极限等能场线球壳间，允许跃迁现象。或许，

迁海王星轨道上，绕太阳运动。如果，当海王星，一次性吸收能量时。因为，导致极限能量增强。所以，凭借额外功，在极限等能场线球壳间，允许跃迁现象。或许，迁水星体轨道上，绕太阳运动。

虽然，任何种类的，子宇宙集合。如果，无极限能量，一次性增减改变。那么，对应结构部分，沿极限等能场线，持续运动的。显然，无跃迁现象。甚至，任何种类的，子宇宙集合。如果，让极限能量，一次性增减改变。那么，对应结构部分，穿极限等能场线，突破运动的。显然，呈跃迁现象。

然而，任何种类的，子宇宙集合。纵然，无极限能量，一次性增减改变。如果，持续势动能演化。那么，子宇宙集合的，极限能量场里面，对应结构部分，可加速度，呈螺旋线运动。当然，不是跃迁效应。

因为，任何种类的，子宇宙集合。终归，可谓能量场状态，呈现强弱差。在圆球体核心，对应能量场最强；在圆球体缘边，对应能量场最弱。并且，从强核心，朝弱缘边，呈辐射状，持续延伸和递减的。或许，零强度区，离圆球体核心，无限遥远的。归根结底来说，不过是数量上，无限制多的，下层级结构部分，对应极限等能场线球壳，从强核心，朝弱缘边，呈等圆心，分级圈裹套的。

那么，一方面等能场线，离圆球体核近的，对应弧曲度大；离圆球体核远的，对应弧曲度小。所以，子宇宙集合的，极限能量场里面，对应结构部分，垂直等能场线，持续运动时，呈螺旋轨迹。并且，一方面势动能量，离圆球体核近的，对应转换率小；离圆球体核远的，对应转换率大。所以，子宇宙集合的，极限能量场里面，对应结构部分，失蓄势动能量，持续运动时，呈加速状态。

所以，任何种类的，子宇宙圆球体和集合。始终，沿极限等能场线运动的。当然，除势动能演化，导致螺旋加速。

譬如，像马蹄磁铁，平扫微矿粉。虽然，看起来是电磁效应。然而，归根结底来说，应该是微矿粉，在磁铁场里面，凭借势动能演化，沿螺旋轨迹，加速度运动。当然，不过是路径短，看起来直线和等速似的。所以，称电磁排斥运动。譬如，像椭圆地球，承接熟苹果。虽然，看起来是吸引效应。然而，归根结底来说，应该是熟苹果，在地球场里面，凭借势动能演化，沿螺旋轨迹，加速度运动。当然，不过是路径短，看起来直线和等速似的。所以，称吸引落体运动。

第一宇宙定律。任何种类的，子宇宙圆球体；任何种类的，子宇宙集合。终归，沿极限等能场线运动。

中
篇

YUZHOU

5、第二宇宙属性

艾撒克·牛顿认为，时空，应该是绝对的，跟运动状态，无影响联系。譬如，像时间部分，包括过去、现在、将来。显然，呈直线形态，匀速流逝的。譬如，像空间部分，包括东西、南北、上下。显然，呈立体形态，匀等延伸的。并且，无论时间部分。纵然，不管空间部分。终归，一概是独立的。显然，无时空演化。甚至，无论运动或静止，任何时间速度，一概是相等的；不管运动或静止，任何空间尺度，一概是相等的。显然，在宇宙中，无异常时空现象。

爱因斯坦认为，时空，应该是相对的，受运动状态，直接影响联系。譬如，像运动时间膨胀。譬如，像运动空间缩短。并且，爱因斯坦认为，可谓过去、现在、将来，

1维线时间；可谓东西、南北、上下，3维体空间。最终，呈时空四维体。甚至，爱因斯坦相信，在宇宙中，分布能质量，不是均匀的。所以，导致时空四维体，呈塌陷弯曲状态。譬如，一些能场弱地方，时空塌曲小。譬如，一些能场强地方，时空塌曲大。跟橡皮毯上，置搁铅球样。如果，铅球质量轻。那么，导致橡皮毯，看起来陷曲度小。如果，铅球质量重。那么，导致橡皮毯，看起来陷曲度大。爱因斯坦相信，长远程吸引力，不过是时空弯曲造成的。并且，光运动速度，传递能场波，呈现吸引力。爱因斯坦认为，时空四维体中，包括光粒子，一切能量点，沿测地线运动。轻质量的，对应直轨迹；重质量的，对应弯轨迹。譬如，在日蚀时，太阳环缘边，光线偏折的。

然而，中国《辞海》观点，时空，不过是物质运动形式。时间，呈现物质运动的，一种顺序和连续性。空间，呈现物质运动的，一种拓阔和延伸性。显然，无论时间部分。纵然，不管空间部分。归根结底来说，一概是宇宙属性。

因为，任何种类的，子宇宙圆球体和集合。终归，含场量二象性。

譬如，像量粒性部分。纵然，无论能量多少。然而，任何种类的，子宇宙圆球体。甚至，任何种类的，子宇宙集合。显然，不过是能量点。所以，任何种类的，子宇宙圆球体。并且，任何种类的，子宇宙集合。终归，

可谓极限能量 E，跟圆球体的，节律膨胀和塌缩频率 γ，正比例关系。方程 $E=h_0\gamma$，h_0 宇宙常数。

譬如，像场波性部分。纵然，不管体积大小。然而，任何种类的，子宇宙圆球体。甚至，任何种类的，子宇宙集合。显然，不过是能场波。所以，任何种类的，子宇宙圆球体。并且，任何种类的，子宇宙集合。终归，可谓极限能量 E，跟圆球体的，节律膨胀和塌缩波长 λ，反比例关系。方程 $E=h_0/\lambda$，h_0 宇宙常数。

所以，任何种类的，子宇宙圆球体和集合。

一方面量粒性上，不管体积大小，无论能量多少。既然，不过是能量点。那么，除额外功效应，导致跃迁现象。并且，除势动能演化，导致螺旋加速。始终，沿极限等能场线移动的。显然，呈现运动中，一种顺序和连续性。当然，依据《辞海》观点，应该是时间属性。归根结底来说，子宇宙圆球体和集合，沿极限等能场线移动。最终，呈现时间性上，可谓轴线形，从过去、经现在、朝将来，一概流逝的。终归，不倒逾和停止。

一方面场波性上，不管体积大小，无论能量多少。既然，不过是能场波。那么，除额外功效应，导致跃迁现象。并且，除势动能演化，导致螺旋加速。始终，沿极限等能场线波动的。显然，呈现运动中，一种拓阔和延伸性。当然，依据《辞海》观点，应该是空间属性。归根结底来说，子宇宙圆球体和集合，沿极限等能场线波动。最终，呈现空间性上，可谓辐射状，从核心、经四面、朝八方，一概拓延的。终归，无乾坤和维度。

　　第二宇宙属性。任何种类的，子宇宙圆球体；任何种类的，子宇宙集合。终归，含时空二象性。

　　譬如，像时间性部分。纵然，无论能量多少。既然，任何种类的，子宇宙圆球体。甚至，任何种类的，子宇宙集合。始终，沿极限等能场线移动。终归，在时间属性上，呈轴线形，从过去、经现在、朝将来，一概流逝的。并且，不倒逾和停止。

　　譬如，像空间性部分。纵然，不管体积大小。既然，任何种类的，子宇宙圆球体。甚至，任何种类的，子宇宙集合。始终，沿极限等能场线波动。终归，在空间属性上，呈辐射状，从核心、经四面、朝八方，一概拓延的。并且，无乾坤和维度。

中
篇

YUZHOU

6、第二宇宙定律

相信，在地球上，一些时空现象，不是常态的。

譬如，像时间增快的。1977年4月25日，一智利军队，在龙栖卡莫高原宿营。凌晨3点50分，靠驻地附近，呈现紫红亮光。当瓦尔德斯军士，零距离接触时。一眨眼功夫，跟紫红亮光，一起隐藏影迹。然而，1天时间过去。发现瓦尔德斯军士，在营房边，一草坪上，无奈徘徊漫步，跟喝醉酒似的。并且，瓦尔德斯腕表，反映时间长，已4月30日。甚至，瓦尔德斯胡子，长粗浓密的。虽然，当晚睡觉前，干净刮剃过。显然，大概1天的，可谓地球时间。对瓦尔德斯来说，应该是5昼夜。

譬如，像空间拓远的。1981年10月8日，迪·亚斯驾车，沿苏格兰茂辣岛观光。中午12点，穿越塞伦森林，返托毕蒙坭城时。一眨眼功夫，迪·亚斯汽车，被烟雾笼罩。导致迪·亚斯，在黑暗深渊中，不能呼吸动弹。为摆脱雾气，迪·亚斯猛踩油门，希望疾驰离去。虽然，一般情况下，去托毕蒙坭城，不过3刻钟样子。然而，迪·亚斯驱车，一下午时间。并且，小汽车打表，竟数百公里远。显然，大概50公里的，可谓地球空间。对迪·亚斯来说，应该是数百公里。

譬如，时间增快的。并且，空间拓远的。1987年7月31日，临傍晚时分，在瓦砾角湖面上，15岁大小，芬兰男孩子，驾驶摩托艇，朝栗埃斯塔村游弋。大概20点40分，小摩托艇，被雾球笼罩。导致男孩子，在幽暗寂静中，不能呼吸活动。为摆脱雾云，小男孩子，急驾摩托艇，希望逃逸离去。虽然，一眨眼功夫，当雾球消失，发现摩托艇，离瓦砾角码头，不超过数拾海里。然而，摩托艇打表，竟数百海里远。况且，小男孩腕表，反映时间长，已8月1日的，早晨4点10分。显然，大概数刻钟的，可谓地球时间。对雾罩男孩来说，应该是数钟头。并且，大概数拾海里的，可谓地球空间。对雾罩男孩来说，应该是数百海里。

譬如，像时间减慢的。1991年8月9日，在冰岛西南角，大抵387公里地方，发现泰坦尼克号的，史密斯船长。看起来60多岁样子，抽犀角烟斗，穿星条制服。虽然，失踪 70 多年。并且，应该是 130 多岁。然而，史密斯相信，可谓时间短，不过是 20 世纪初。依据奥斯陆医学中心，对航海档案里面，手指纹鉴定。扎勒·哈兰德认为，在冰岛海岸边，抽犀角烟斗的，应该是泰坦尼克号，史密斯船长。显然，大概 70 年的，可谓地球时间。对史密斯来说，应该是数年样子。

譬如，像空间缩近的。1987 年 3 月 5 日，从苏联卫星的，传真图画中，发现 B-29 轰炸机，在月球背面，一陨石坑降停。并且，依据陨石坑大小，推测 B-29 轰炸机，长度数百米。或许，在月球上，B-29 轰炸机，对应体积增大。甚至，美国航天局，监测 B-29 轰炸机，1988 年 7 月 22 日，从陨石坑消失。欧洲 UFO 研究中心，维·格鲁德迩认为，月球 B-29 轰炸机，呈美国空军标志。所以，可能是百慕海战中，失踪 B-29 轰炸机。显然，大概 38 万公里的，可谓地球空间。对 B-29 轰炸机来说，应该是数万公里。

譬如，时间减慢的。并且，空间缩近的。1981 年 4 月 20 日，傍晚 6 时分，乔治·赖默思驾车，去巴西林赫栗斯市。在 BR101 路段上，被烟雾笼罩。导致赖默思，无法呼吸动弹。最终，反倒漂浮状态。虽然，乔治·赖默思认为，持续时间短，不过数钟头。并且，飞逸空间近，不过数拾公里。甚至，当摆脱雾障时，乔治·赖默思腕表，反映时间短，不过是 4 月 20 日。然而，警察局鉴定，失踪 5 昼夜；迁移 600 英里。因为，发现赖默思时分，在 4 月 25 日；发现赖默思地点，在吉奥城区。显然，大概 5 昼夜的，可谓地球时间。对赖默思来说，应该是数钟头。并且，大概 600 英里的，可谓地球空间。对赖默思来说，应该是数拾公里。

平行世界说认为，在宇宙中，一些世界域，平行地球的。所以，一旦陷落里面，导致异常时空现象。

譬如，1912 年 4 月 15 日，豪轮泰坦尼克号，大西洋航游时。史密斯船长，不幸陷落冰世界中，导致时间减慢现象。因为，大概 70 年的，可谓地球时间。对史密斯来说，应该是数年样子。

譬如，1981 年 10 月 8 日，苏格兰茂辣岛，迪·亚斯驾车，穿越塞伦森林，返托毕蒙坭城时。不想陷落雾世界中，导致空间拓远现象。因为，大概 50 公里的，可谓地球空间。对迪·亚斯来说，应该是数百公里。

外星造访说认为，在宇宙中，一些外星人，寻访地球村。所以，一旦巧逢遇上，导致异常时空现象。

譬如，1977 年 4 月 25 日，龙栖卡莫营地边，瓦尔德斯军士，零距离接触，一紫红亮光。不想逢遇外星人，导致时间增快现象。因为，大概 1 天的，叮谓地球时间。对瓦尔德斯来说，应该是 5 昼夜。

譬如，1945 年 12 月 5 日，美国航空队的，一架 B-29

中篇

轰炸机，从福罗里达州腾飞，临百慕海域时。不幸遭遇外星人，导致空间缩近现象。因为，大概38万公里的，可谓地球空间。对B-29轰炸机来说，应该是数万公里。

1943年10月28日，美国费城的，一海军造船坞。当舰艇艾迩德里奇号，被强磁场笼罩时。一眨眼功夫，失踪隐藏影迹。虽然，持续时间短，1刻钟样子。然而，发现艾迩德里奇号，失踪隐藏档口，曾泊479公里外，弗吉尼亚州的，诺福克码头。甚至，1983年5月份，长岛基地草坪上，发现艾迩德里奇舰的，主舵查尔斯·普拉特。纵然，失踪40多年。然而，看起来普拉特，大概20多岁样子。况且，普拉特相信，可谓时间短，不过是40年代末。显然，凭借强磁场效应，导致舰艇艾迩德里奇号，呈时间减慢现象。并且，凭借强磁场效应，导致舰艇艾迩德里奇号，呈空间缩近现象。因为，大概数拾年的，可谓地球时间。对查尔斯·普拉特来说，不过是数年头。并且，大概数百公里的，可谓地球空间。对艾迩德里奇舰来说，不过是数拾公里。

可谓真心种花，无意插柳。或许，包括爱因斯坦，不能想象的。1943年10月28日，美国费城实验，应该是地球人，首次自由的，凭借极限能量改变，导致异常时空现象。

当然，若费城实验，不是虚构的。

101

归根结底来说，一些地球上，异常时空现象。不过是多种类，子宇宙集合，跟地球极限能量，不相等造成的。

譬如，任何种类的，子宇宙集合，若极限能量，比地球体强。那么，呈时间增快现象。并且，呈空间拓远现象。

譬如，任何种类的，子宇宙集合，若极限能量，比地球体弱。那么，呈时间减慢现象。并且，呈空间缩近现象。

甚至，依据费城实验知道，公元地球人，克服极限能量差，可致多种类，子宇宙集合，呈异常时空现象。

譬如，任何种类的，子宇宙集合，被地球人，克服极限能量差，一定倍数增强。那么，在时间上，一定倍数的，比地球村增快。并且，在空间上，一定倍数的，比地球村拓远。

譬如，任何种类的，子宇宙集合，被地球人，克服极限能量差，一定倍数减弱。那么，在时间上，一定倍数的，比地球村减慢。并且，在空间上，一定倍数的，比地球村缩近。

因为，任何种类的，子宇宙集合。终归，遵循时空定律。

归根结底来说，任何种类的，子宇宙集合。可谓能量场状态，呈现强弱差。在圆球体核心，对应能量场最强；在圆球体缘边，对应能量场最弱。并且，从强核心，朝弱缘边，呈辐射状，持续延伸和递减的。或许，零强度区，离圆球体核心，无限遥远的。

中篇

所以，在能量场强弱差影响下，任何种类的，子宇宙圆球体集合。一方面能量场核心，凭借强辐射性，导致圆球体，呈现膨胀效应；一方面能量场缘边，凭借强表张性，导致圆球体，呈现塌缩效应。

显然，任何种类的，子宇宙圆球体集合，节律周期性，持续膨胀和塌缩的。

那么，不难想象圆球体能量场，一次周期膨胀和塌缩搏动。终归，可谓顺序和连续性的，呈现时间 t_n 多少，应该是极限周期 Tn，方程 $t_n = Tn$。当然，Tn=1/γ，γ 极限频率。

并且，不难想象圆球体能量场，一次周期膨胀和塌缩搏动。终归，可谓拓阔和延伸性的，呈现空间 u_n 大小，应该是极限体积 U_n，方程 $u_n = U_n$。当然，U_n=（4/3）πR^3，R 极限半径。

既然，除额外功效应，导致跃迁现象。并且，除势动能演化，导致螺旋加速。终归，任何种类的，子宇宙集合。始终，沿极限等能场线运动。那么，一方面运动时间，不难想象 $t = n_{时} T$；一方面运动距离，不难想象 $L = n_{距} R$。甚至，无论 $n_{时}$ 多少，不管 $n_{距}$ 短长，一概是正数值。显然，$n_{时} \geq 0$；$n_{距} \geq 0$。当然，不定是整数倍的。

因为，任何种类的，子宇宙集合。可谓极限能量 E，跟圆球体的，节律膨胀和塌缩频率 γ，正比例关系。方

程 $E=h_0\gamma$，h_0 宇宙常数；可谓极限能量 E，跟圆球体的，节律膨胀和塌缩波长 λ，反比例关系。方程 $E=h_0/\lambda$，h_0 宇宙常数。并且，子宇宙集合的，可谓极限波长 λ。终归，由圆球体能量场，对应极限半径 R 决定的。方程 $R=h\lambda$，h 圆球体能量场常数。

　　既然，无限多种类，子宇宙集合，允许极限能量，不是相等的。譬如，子宇宙强集合，含极限能量 $E_\text{强}$；子宇宙弱集合，含极限能量 $E_\text{弱}$。所以，若 $E_\text{强}=60E_\text{弱}$。那么，对应 $\gamma_\text{强}=60\gamma_\text{弱}$，$T_\text{强}=(1/60)T_\text{弱}$，$R_\text{强}=(1/60)R_\text{弱}$。

　　一方面来说，子宇宙强集合，含极限能量 $E_\text{强}$；子宇宙弱集合，含极限能量 $E_\text{弱}$。如果，$E_\text{强}=60E_\text{弱}$。因为，$\gamma_\text{强}=60\gamma_\text{弱}$。所以，比较极限能量 $E_\text{弱}$ 的，子宇宙集合，1 次 $\gamma_\text{弱}$ 频率搏动。显然，对应极限能量 $E_\text{强}$ 的，子宇宙集合，60 次 $\gamma_\text{强}$ 频率搏动。并且，子宇宙弱集合，1 次 $\gamma_\text{弱}$ 频率搏动，时间 $t_\text{弱}=T_\text{弱}$，距离 $L_\text{弱}=R_\text{弱}$；子宇宙强集合，60 次 $\gamma_\text{强}$ 频率搏动，时间 $t_\text{强}=60T_\text{强}$，距离 $L_\text{强}=60R_\text{强}$。

　　一方面来说，子宇宙强集合，含极限能量 $E_\text{强}$；子宇宙弱集合，含极限能量 $E_\text{弱}$。如果，$E_\text{强}=60E_\text{弱}$。因为，$T_\text{强}=(1/60)T_\text{弱}$，$R_\text{强}=(1/60)R_\text{弱}$。所以，$t_\text{强}=60T_\text{强}=60\times(1/60)T_\text{弱}=T_\text{弱}=t_\text{弱}$；$L_\text{强}=60R_\text{强}=60\times(1/60)R_\text{弱}=R_\text{弱}=L_\text{弱}$。显然，1 次 $\gamma_\text{弱}$ 频率搏动。终归，跟 60 次 $\gamma_\text{强}$ 频率搏动。在时间上，应该是相等的。并且，1

中篇

次 $\gamma_{弱}$ 频率搏动。终归，跟 60 次 $\gamma_{强}$ 频率搏动。在空间上，应该是相等的。

归根结底来说，任何种类的，子宇宙强弱集合，不管极限能量多少。譬如，$E_{强}=nE_{弱}$。虽然，一事件里面，时间 $t_{强}=nT_{强}=n\times$（$1/n$）$T_{弱}=T_{弱}=t_{弱}$；空间 $L_{强}=nR_{强}=n\times$（$1/n$）$R_{弱}=R_{弱}=L_{弱}$。然而，可谓时间速度，不是相等的。所以，呈时间快慢现象。并且，可谓空间尺度，不是相等的。所以，呈空间远近现象。

既然，任何种类的，子宇宙圆球体；任何种类的，子宇宙集合。终归，可谓极限频率 γ，反映时间速度快慢。譬如，若极限频率快。那么，对应时间流逝快。譬如，若极限频率慢。那么，对应时间流逝慢。并且，任何种类的，子宇宙圆球体或集合。因为，$E=h_0\gamma$，$T=1/\gamma$，h_0 宇宙常数。所以，子宇宙圆球体或集合的，极限能量 E，跟时间速度，整 1 次方，正比例关系。如果，子宇宙圆球体或集合的，极限能量 E 越强。那么，对应时间速度，呈整 1 次方快。如果，子宇宙圆球体或集合的，极限能量 E 越弱。那么，对应时间速度，呈整 1 次方慢。甚至，克服极限能量差，导致时间速度改变。最终，呈时间快慢现象。

因为，除额外功效应，导致跃迁现象。并且，除势动能演化，导致螺旋加速。终归，任何种类的，子宇宙圆球体；任何种类的，子宇宙集合。始终，沿极限等能场线运动的。那么，在运动时间部分，不难想象 $t=n_{时}T$。所以，可谓时间的，顺续流逝数，$n_{时}=t/T$。既然，任何种类的，子宇宙圆球体或集合，$E=h_0\gamma$，$T=1/\gamma$，h_0 宇宙常数。显然，子宇宙圆球体或集合的，极限能量 E，跟运动时间，顺续流逝数 $n_{时}$，整 1 次方，正比例关系。如果，子宇宙圆球体或集合的，极限能量 E 越强。那么，对应运动时间，顺续流逝数 $n_{时}$，呈整 1 次方多。如果，子宇宙圆球体或集合的，极限能量 E 越弱。那么，对应运动时间，顺续流逝数 $n_{时}$，呈整 1 次方少。

归根结底来说，任何种类的，子宇宙强弱圆球体或集合，不管极限能量多少。譬如，若 $E_{强}=60\,E_{弱}$。虽然，一事件里面，时间 $t_{强}=60T_{强}=60\times（1/60）T_{弱}=T_{弱}=t_{弱}$。终归，子宇宙圆球体或集合的，极限能量 E，跟运动时间，顺续流逝数 $n_{时}$，整 1 次方，正比例关系。当然，子宇宙圆球体或集合的，极限能量 E 越强。那么，一事件里面，导致运动时间，顺续流逝数 $n_{时}$，呈整 1 次方越多。所以，看起来时间现象，应该是增快的。当然，子宇宙圆球体或集合的，极限能量 E 越弱。那么，一事件里面，导致运动时间，顺续流逝数 $n_{时}$，呈整 1 次方越少。所以，看起来时间现象，应该是减慢的。

既然，任何种类的，子宇宙圆球体；任何种类的，子宇宙集合。终归，可谓极限体积 U，反映空间尺度大小。

譬如，若极限体积大。那么，对应空间拓延大。譬如，若极限体积小。那么，对应空间拓延小。并且，任何种类的，子宇宙圆球体或集合。因为，$E=hh_0/R$，$U=(4/3)\pi R^3$，h_0宇宙常数。所以，子宇宙圆球体或集合的，极限能量E，跟空间尺度，根3次方，反比例关系。如果，子宇宙圆球体或集合的，极限能量E越强。那么，对应空间尺度，呈根3次方小。如果，子宇宙圆球体或集合的，极限能量E越弱。那么，对应空间尺度，呈根3次方大。甚至，克服极限能量差，导致空间尺度改变。最终，呈空间远近现象。

因为，除额外功效应，导致跃迁现象。并且，除势动能演化，导致螺旋加速。终归，任何种类的，子宇宙圆球体；任何种类的，子宇宙集合。始终，沿极限等能场线运动的。那么，在运动空间部分，不难想象$L=n_{距}$ R。所以，可谓空间的，拓延距离数，$n_{距}=L/R$。既然，任何种类的，子宇宙圆球体或集合，$E=hh_0/R$，$U=(4/3)\pi R^3$，h_0宇宙常数。显然，子宇宙圆球体或集合的，极限能量E，跟运动空间，拓延距离数$n_{距}$，整1次方，正比例关系。如果，子宇宙圆球体或集合的，极限能量E越强。那么，对应运动空间，拓延距离数$n_{距}$，呈整1次方多。如果，子宇宙圆球体或集合的，极限能量E越弱。那么，对应运动空间，拓延距离数$n_{距}$，呈整1次方少。

归根结底米说，任何种类的，子宇宙强弱圆球体或集合，不管极限能量多少。譬如，若 $E_强$ =60 $E_弱$ 。虽然，一事件里面，空间 $L_强$ =60$R_强$ =60× （1/60） $R_弱$ = $R_弱$ =$L_弱$ 。终归，子宇宙圆球体或集合的，极限能量 E，跟运动空间，拓延距离数 $n_距$ ，整 1 次方，正比例关系。当然，子宇宙圆球体或集合的，极限能量 E 越强。那么，一事件里面，导致运动空间，拓延距离数 $n_距$ ，呈整 1 次方越多。所以，看起来空间现象，应该是拓远的。当然，子宇宙圆球体或集合的，极限能量 E 越弱。那么，一事件里面，导致运动空间，拓延距离数 $n_距$ ，呈整 1 次方越少。所以，看起来空间现象，应该是缩近的。

显然，任何种类的，子宇宙圆球体。并且，任何种类的，子宇宙集合。终归，极限能量 E，跟时间速度，整 1 次方，正比例关系；跟空间尺度，根 3 次方，反比例关系。如果，子宇宙圆球体或集合的，极限能量 E 越强。那么，对应时间速度，呈整 1 次方快。反倒空间尺度，呈根 3 次方小。如果，子宇宙圆球体或集合的，极限能量 E 越弱。那么，对应时间速度，呈整 1 次方慢。反倒空间尺度，呈根 3 次方大。

因为，任何种类的，子宇宙强弱圆球体或集合，不管极限能量多少。譬如，若 $E_强$ =60 $E_弱$ 。如果，在 $E_强$ 角度。当然，导致 $E_强$ 的，对应强时间速度，比较 $E_弱$ 的，对应弱时间速度，可谓 60 倍快。并且，导致 $E_强$ 的，对应强空间尺度，比较 $E_弱$ 的，对应弱空间尺度，反倒 $1/60^3$ 小。如果，在 $E_弱$ 角度。当然，导致 $E_弱$ 的，对应弱时间速度，比较 $E_强$ 的，对应强时间速度，可谓 1/60 慢。并且，导致 $E_弱$ 的，对应弱空间尺度，比较 $E_强$ 的，对应强空间尺度，反倒 60^3 倍大。所以，呈异常时空现象。

甚至，任何种类的，子宇宙圆球体。并且，任何种类的，子宇宙集合。终归，极限能量 E，跟运动时间，顺续流逝数 $n_时$，整 1 次方，正比例关系；跟运动空间，拓延距离数 $n_距$，整 1 次方，正比例关系。如果，子宇宙圆球体或集合的，极限能量 E 越强。那么，对应运动时间，顺续流逝数 $n_时$，呈整 1 次方多。并且，对应运动空间，拓延距离数 $n_距$，呈整 1 次方多。如果，子宇宙圆球体或集合的，极限能量 E 越弱。那么，对应运动时间，顺续流逝数 $n_时$，呈整 1 次方少。并且，对应运动空间，拓延距离数 $n_距$，呈整 1 次方少。

归根结底来说，任何种类的，子宇宙强弱圆球体或集合，不管极限能量多少。譬如，若 $E_强 = 60 E_弱$。

虽然，一事件里面，时间 $t_强 = 60 T_强 = 60 \times (1/60) T_弱 = T_弱 = t_弱$。并且，空间 $L_强 = 60 R_强 = 60 \times (1/60) R_弱 = R_弱 = L_弱$。

然而，任何种类的，子宇宙圆球体或集合。因为，极限能量 E，跟运动时间，顺续流逝数 $n_{时}$，整 1 次方，正比例关系；跟运动空间，拓延距离数 $n_{距}$，整 1 次方，正比例关系。

所以，在 $E_{强}$ 角度。显然，导致 $E_{强}$ 的，对应强运动时间，顺续流逝数 $n_{时}$，比较 $E_{弱}$ 的，对应弱运动时间，顺续流逝数 $n_{时}$，可谓 60 倍多。并且，导致 $E_{强}$ 的，对应强运动空间，拓延距离数 $n_{距}$，比较 $E_{弱}$ 的，对应弱运动空间，拓延距离数 $n_{距}$，可谓 60 倍多。当然，看起来时间现象，应该是增快的。并且，看起来空间现象，应该是拓远的。

甚至，在 $E_{弱}$ 角度。显然，导致 $E_{弱}$ 的，对应弱运动时间，顺续流逝数 $n_{时}$，比较 $E_{强}$ 的，对应强运动时间，顺续流逝数 $n_{时}$，可谓 1/60 少。并且，导致 $E_{弱}$ 的，对应弱运动空间，拓延距离数 $n_{距}$，比较 $E_{强}$ 的，对应强运动空间，拓延距离数 $n_{距}$，可谓 1/60 少。当然，看起来时间现象，应该是减慢的。并且，看起来空间现象，应该是缩近的。

最终，呈异常时空现象。

譬如，像胞胎兄弟实验。

假设，一理想实验室里面，除胞胎哥外，不过是频率钟，波长尺；一理想实验室里面，除胞胎弟外，不过是频率钟，波长尺。并且，胞胎兄弟的，可谓理想实验室间，无毫厘差异；可谓理想频率钟间，无毫厘差异；可谓理想波长尺间，无毫厘差异。甚至，胞胎兄弟的，可谓理想实验室。假设，跟实验室外，无丝毫联系。

显然，对胞胎哥来说，在实验室里，除频率钟外，无参照系，可知时间流逝多少。并且，在实验室里，除波长尺外，无参照系，可知空间拓延远近。当然，对胞胎弟来说，在实验室里，除频率钟外，无参照系，可知时间流逝多少。并且，在实验室里，除波长尺外，无参照系，可知空间拓延远近。

所以，若理想实验前，1次频率钟活动。假设，1秒钟时间。那么，10次频率钟活动。当然，在实验室里的，胞胎兄弟认为，应该是10秒钟。并且，若理想实验前，1次波长尺活动。假设，1厘米空间。那么，10次波长尺活动。当然，在实验室里的，胞胎兄弟认为，应该是10厘米。

归根结底来说，可谓胞胎兄弟理想实验。终归，不过是实验室里面，一切结构部分。包括胞胎兄弟、频率钟、波长尺的，子宇宙圆球体和集合，允许极限能量E大小，可随意增减改变。并且，像胞胎兄弟、频率钟、波长尺。可谓实验室里面的，任何结构部分，在极限能量E，对应增减率上，一致相等的。显然，像乘电梯似的。

如果，让胞胎哥实验室的，子宇宙圆球体和集合，对应极限能量E，跟理想实验前，无增减改变。那么，在理想实验中。可谓胞胎哥的，极限能量$E_{哥}$，跟理想实验前，应该是相等的。并且，可谓频率钟的，极限能量 E$_{钟}$，跟理想实验前，应该是相等的。甚至，可谓波长尺的，极限能量 E$_{尺}$，跟理想实验前，应该是相等的。因为，对胞胎哥来说，在实验室里，除频率钟外，无参照系，可知时间流逝多少。既然，1 次频率钟活动。终归，反映 1 秒钟时间。所以，一旦胞胎哥，观测频率钟，持续 10 次活动时。相信，在时间上，应该是 10 秒钟。因为，对胞胎哥来说，在实验室里，除波长尺外，无参照系，可知空间拓延远近。既然，1 次波长尺活动。终归，反映 1 厘米空间。所以，一旦胞胎哥，观测波长尺，持续 10 次活动时。相信，在空间上，应该是 10 厘米。

　　假设，让胞胎弟实验室的，子宇宙圆球体和集合，对应极限能量 E，跟理想实验前，一概增强 10 倍。那么，在理想实验中。可谓胞胎弟的，极限能量 E$_{弟}$，跟理想实验前，对应增强 10 倍。并且，可谓频率钟的，极限能量 E$_{钟}$，跟理想实验前，对应增强 10 倍。甚至，可谓波长尺的，极限能量 E$_{尺}$，跟理想实验前，对应增强 10 倍。因为，归根结底来说，无参照系，让胞胎弟知道，实验室里面，一切结构部分，包括胞胎弟、频率钟、波长尺的，子宇宙圆球体和集合，对应极限能量，已增强 10 倍。所以，对胞胎弟来说，在实验室里，1 次频率钟活动。既然，反映 1 秒钟时间。当然，观测频率钟，持续 100 次活动时。

相信，在时间上，应该是 100 秒钟。并且，对胞胎弟来说，在实验室里，1 次波长尺活动。既然，反映 1 厘米空间。当然，观测波长尺，持续 100 次活动时。相信，在空间上，应该是 100 厘米。

因为，胞胎哥实验室，任何结构部分，包括胞胎哥、频率钟、波长尺的，子宇宙圆球体和集合，对应极限能量 E，跟理想实验前，无增减改变。所以，对胞胎哥来说，在理想实验中，10 次频率钟活动。当然，呈现时间上，应该是 10 秒钟。并且，对胞胎哥来说，在理想实验中，10 次波长尺活动。当然，呈现空间上，应该是 10 厘米。

既然，归根结底来说，无参照系，让胞胎弟知道，实验室里面，一切结构部分，包括胞胎弟、频率钟、波长尺的，子宇宙圆球体和集合，对应极限能量，已增强 10 倍。所以，对胞胎弟来说，在理想实验中，100 次频率钟活动。当然，呈现时间上，应该是 100 秒钟。并且，对胞胎弟来说，在理想实验中，100 次波长尺活动。当然，呈现空间上，应该是 100 厘米。

然而，在理想实验中，$E_弟 = 10 E_哥$，$\gamma_弟 = 10 \gamma_哥$，$T_弟 = (1/10) T_哥$，$R_弟 = (1/10) R_哥$。所以，$t_弟 = 100 T_弟 = 100 \times (1/10) T_哥 = 10 T_哥 = t_哥$；$L_弟 = 100 R_弟 = 100 \times (1/10) R_哥 = 10 R_哥 = L_哥$。显然，无论胞胎弟的，时间 100 秒钟。不管胞胎哥的，时间 10 秒钟。终归，在实验

室外,看起来相等的。并且,无论胞胎弟的,空间 100 厘米。不管胞胎哥的,空间 10 厘米。终归,在实验室外,看起来相等的。

归根结底来说,任何种类的,子宇宙强弱集合,不管极限能量多少。虽然,一事件里面,呈现时间上,应该是相等的。并且,一事件里面,呈现空间上,应该是相等的。然而,子宇宙强弱集合,对应极限能量 E,不是相等的。既然,导致时间速度,不是相等的。当然,呈时间快慢现象。既然,导致空间尺度,不是相等的。当然,呈空间远近现象。

譬如,像胞胎兄弟实验。既然,一方面胞胎哥实验室的,子宇宙圆球体和集合,对应极限能量 E,跟理想实验前,无增减改变。并且,一方面胞胎弟实验室的,子宇宙圆球体和集合,对应极限能量 E,跟理想实验前,一概增强 10 倍。那么,在理想实验中,无论事件大小。因为,在胞胎哥角度。既然,可谓胞胎哥实验室的,子宇宙圆球体和集合,对应极限能量 $E_{哥}$ 弱。所以,导致胞胎哥实验室,对应弱时间速度,比较胞胎弟的,对应强时间速度,可谓 1/10 慢。并且,导致胞胎哥实验室,对应弱空间尺度,比较胞胎弟的,对应强空间尺度,反倒 10^3 倍大。最终,导致胞胎哥实验室,对应弱运动时间,顺续流逝数 $n_{时}$,比较胞胎弟的,对应强运动时间,顺续流

中篇

逝数 $n_{时}$ 时，可谓 1/10 少。并且，导致胞胎哥实验室，对应弱运动空间，拓延距离数 $n_{距}$，比较胞胎弟的，对应强运动空间，拓延距离数 $n_{距}$，可谓 1/10 少。当然，呈时间慢现象。并且，呈空间近现象。因为，在胞胎弟角度。既然，可谓胞胎弟实验室的，子宇宙圆球体和集合，对应极限能量 $E_{弟}$ 强。所以，导致胞胎弟实验室，对应强时间速度，比较胞胎哥的，对应弱时间速度，可谓 10 倍快。并且，导致胞胎弟实验室，对应强空间尺度，比较胞胎哥的，对应弱空间尺度，反倒 $1/10^3$ 小。最终，导致胞胎弟实验室，对应强运动时间，顺续流逝数 $n_{时}$，比较胞胎哥的，对应弱运动时间，顺续流逝数 $n_{时}$，可谓 10 倍多。并且，导致胞胎弟实验室，对应强运动空间，拓延距离数 $n_{距}$，比较胞胎哥的，对应弱运动空间，拓延距离数 $n_{距}$，可谓 10 倍多。当然，呈时间快现象。并且，呈空间远现象。

纵然，一事件结束，在实验室外，看起来时间上，不过是相等的。并且，一事件结束，在实验室外，看起来空间上，不过是相等的。

如果，让胞胎弟实验室的，子宇宙圆球体和集合，对应极限能量 E，跟理想实验前，无增减改变。那么，在理想实验中。可谓胞胎弟的，极限能量 $E_{弟}$，跟理想实验前，应该是相等的。并且，可谓频率钟的，极限能量 $E_{钟}$，跟理想实验前，应该是相等的。甚至，可谓波长尺的，极

限能量 $E_尺$，跟理想实验前，应该是相等的。因为，对胞胎弟来说，在实验室里，除频率钟外，无参照系，可知时间流逝多少。既然，1 次频率钟活动。终归，反映 1 秒钟时间。所以，一旦胞胎弟，观测频率钟，持续 10 次活动时。相信，在时间上，应该是 10 秒钟。因为，对胞胎弟来说，在实验室里，除波长尺外，无参照系，可知空间拓延远近。既然，1 次波长尺活动。终归，反映 1 厘米空间。所以，一旦胞胎弟，观测波长尺，持续 10 次活动时。相信，在空间上，应该是 10 厘米。

假设，让胞胎哥实验室的，子宇宙圆球体和集合，对应极限能量 E，跟理想实验前，一概增强 10 倍。那么，在理想实验中。可谓胞胎哥的，极限能量 $E_哥$，跟理想实验前，对应增强 10 倍。并且，可谓频率钟的，极限能量 $E_钟$，跟理想实验前，对应增强 10 倍。甚至，可谓波长尺的，极限能量 $E_尺$，跟理想实验前，对应增强 10 倍。因为，归根结底来说，无参照系，让胞胎哥知道，实验室里面，一切结构部分，包括胞胎哥、频率钟、波长尺的，子宇宙圆球体和集合，对应极限能量，已增强 10 倍。所以，对胞胎哥来说，在实验室里，1 次频率钟活动。既然，反映 1 秒钟时间。当然，观测频率钟，持续 100 次活动时。相信，在时间上，应该是 100 秒钟。并且，对胞胎哥来说，在实验室里，1 次波长尺活动。既然，反映 1 厘米空间。

当然，观测波长尺，持续 100 次活动时。相信，在空间上，应该是 100 厘米。

因为，胞胎弟实验室，任何结构部分，包括胞胎弟、频率钟、波长尺的，子宇宙圆球体和集合，对应极限能量 E，跟理想实验前，无增减改变。所以，对胞胎弟来说，在理想实验中，10 次频率钟活动。当然，呈现时间上，应该是 10 秒钟。并且，对胞胎弟来说，在理想实验中，10 次波长尺活动。当然，呈现空间上，应该是 10 厘米。

既然，归根结底来说，无参照系，让胞胎哥知道，实验室里面，一切结构部分，包括胞胎哥、频率钟、波长尺的，子宇宙圆球体和集合，对应极限能量，已增强 10 倍。所以，对胞胎哥来说，在理想实验中，100 次频率钟活动。当然，呈现时间上，应该是 100 秒钟。并且，对胞胎哥来说，在理想实验中，100 次波长尺活动。当然，呈现空间上，应该是 100 厘米。

然而，在理想实验中，$E_哥=10 E_弟$，$\gamma_哥=10\gamma_弟$，$T_哥=（1/10）T_弟$，$R_哥=（1/10）R_弟$。所以，$t_哥=100T_哥=100\times（1/10）T_弟=10T_弟=t_弟$；$L_哥=100R_哥=100\times（1/10）R_弟=10R_弟=L_弟$。显然，无论胞胎哥的，时间 100 秒钟。不管胞胎弟的，时间 10 秒钟。终归，在实验室外，看起来相等的。并且，无论胞胎哥的，空间 100 厘米。不管胞胎弟的，空间 10 厘米。终归，在实验室外，看起来相等的。

　　归根结底来说，任何种类的，子宇宙强弱集合，不管极限能量多少。虽然，一事件里面，呈现时间上，应该是相等的。并且，一事件里面，呈现空间上，应该是相等的。然而，子宇宙强弱集合，对应极限能量 E，不是相等的。既然，导致时间速度，不是相等的。当然，呈时间快慢现象。既然，导致空间尺度，不是相等的。当然，呈空间远近现象。

　　譬如，像胞胎兄弟实验。既然，一方面胞胎弟实验室的，子宇宙圆球体和集合，对应极限能量 E，跟理想实验前，无增减改变。并且，一方面胞胎哥实验室的，子宇宙圆球体和集合，对应极限能量 E，跟理想实验前，一概增强 10 倍。那么，在理想实验中，无论事件大小。因为，在胞胎弟角度。既然，可谓胞胎弟实验室的，子宇宙圆球体和集合，对应极限能量 $E_{弟}$ 弱。所以，导致胞胎弟实验室，对应弱时间速度，比较胞胎哥的，对应强时间速度，可谓 1/10 慢。并且，导致胞胎弟实验室，对应弱空间尺度，比较胞胎哥的，对应强空间尺度，反倒 10^3 倍大。最终，导致胞胎弟实验室，对应弱运动时间，顺续流逝数 $n_{时}$，比较胞胎哥的，对应强运动时间，顺续流逝数 $n_{时}$，可谓 1/10 少。并且，导致胞胎弟实验室，对应弱运动空间，拓延距离数 $n_{距}$，比较胞胎哥的，对应强运

动空间，拓延距离数 $n_{距}$，可谓 1/10 少。当然，呈时间慢现象。并且，呈空间近现象。因为，在胞胎哥角度。既然，可谓胞胎哥实验室的，子宇宙圆球体和集合，对应极限能量 $E_{哥}$强。所以，导致胞胎哥实验室，对应强时间速度，比较胞胎弟的，对应弱时间速度，可谓 10 倍快。并且，导致胞胎哥实验室，对应强空间尺度，比较胞胎弟的，对应弱空间尺度，反倒 $1/10^3$ 小。最终，导致胞胎哥实验室，对应强运动时间，顺续流逝数 $n_{时}$，比较胞胎弟的，对应弱运动时间，顺续流逝数 $n_{时}$，可谓 10 倍多。并且，导致胞胎哥实验室，对应强运动空间，拓延距离数 $n_{距}$，比较胞胎弟的，对应弱运动空间，拓延距离数 $n_{距}$，可谓 10 倍多。当然，呈时间快现象。并且，呈空间远现象。

纵然，一事件结束，在实验室外，看起来时间上，不过是相等的。并且，一事件结束，在实验室外，看起来空间上，不过是相等的。

第二宇宙定律。任何种类的，子宇宙圆球体；任何种类的，子宇宙集合。终归，极限能量 E，跟时间速度，整 1 次方，正比例关系；跟空间尺度，根 3 次方，反比例关系。

宇宙

下篇

1、宇宙论

现在，从地球上，看浩瀚宇宙。大尺度上，分别是太阳、银河、总星系；小尺度上，分别是原子、中子、夸克子。然而，大抵夸克类，在 10^{-33} 厘米，普朗克尺度里面，分结构级次。或许，大爆炸宇宙，可谓总星系，在 360 亿光年外，占拓空地方。所以，看起来宇宙，无穷际阔大，不能搂抱怀中。并且，看起来宇宙，无限制渺小，不能衔搁嘴里。

宇宙，像纤细的，一条直线样。穿贯地球坐标点，分别朝夸克，大爆炸宇宙端点，无限制延长。

虽然，大爆炸宇宙，跟夸克间，不过是截线段。

然而，归根结底来说，无论线段短长，一概是圆黑点，像夸克和轻子，分层级构成的。

既然，色禁闭理论认为，在普朗克尺度，大概 10^{-33} 厘米中，一切夸克和轻子，持续禁闭耦合的。

所以，在宇宙中，任何夸克和轻子，下层级结构部分，不是确定的。

或许，一切夸克和轻子，大概是层级上，宇宙终极体。并且，一切夸克和轻子，大抵是能量上，宇宙初始态。

那么，不妨想象夸克和轻子，可能是宇宙的，最终极部分。

如果，将夸克和轻子，称最终极的，子宇宙圆球体。

宇宙，不过是夸克类，子宇宙圆球体，分中子、原子、行星、恒星、银河系、总星系、零时空奇点、不规则混状、大爆炸宇宙、大静态宇宙、大塌缩宇宙，多层级构成的。

因为，子宇宙圆球体，在数量上，无法确定多少。或许，无限多数量的。

所以，不难想象中子、原子、行星、恒星、银河系、总星系、零时空奇点、不规则混状、大爆炸宇宙、大静态宇宙、大塌缩宇宙，可能数量上，无限制多的。

显然，任何位置上，宇宙结构部分，一概是均匀的。并且，任何朝线上，宇宙结构部分，一概是等性的。甚至，任何钟点上，宇宙结构部分，一概是均等的。

归根结底来说，宇宙，无限、均匀和等性的。

然而，任何种类的，子宇宙圆球体；任何种类的，

下篇

124

子宇宙集合。因为，含宇宙属性。并且，遵宇宙定律。所以，呈宇宙现象。

一方面来说，任何种类的，子宇宙圆球体；任何种类的，子宇宙集合。终归，含场量二象性。譬如，像量粒性部分。纵然，无论能量多少。然而，任何种类的，子宇宙圆球体。甚至，任何种类的，子宇宙集合。显然，不过是能量点。所以，任何种类的，子宇宙圆球体。并且，任何种类的，子宇宙集合。终归，可谓极限能量 E，跟圆球体的，节律膨胀和塌缩频率 γ，正比例关系。方程 $E=h_0\gamma$，h_0 宇宙常数。譬如，像场波性部分。纵然，不管体积大小。然而，任何种类的，子宇宙圆球体。甚至，任何种类的，子宇宙集合。显然，不过是能场波。所以，任何种类的，子宇宙圆球体。并且，任何种类的，子宇宙集合。终归，可谓极限能量 E，跟圆球体的，节律膨胀和塌缩波长 λ，反比例关系。方程 $E=h_0/\lambda$，h_0 宇宙常数。

并且，遵循宇宙定律。

显然，除额外功效应，导致跃迁现象。除势动能演化，导致螺旋加速。终归，任何种类的，子宇宙圆球体；任何种类的，子宇宙集合。始终，沿极限等能场线运动的。

所以，呈宇宙现象。

譬如，看起来点荷间，呈电磁相互作用。像氢原子，凭借电磁相互作用力，束缚氢核结构，跟外层负电子。

始终，让外层负电子，允许轨道上，绕氢核结构运动。纵然，一次性吸收或辐射能量时，交换 1 自旋的，零质量光子，导致跃迁现象。然而，不过是氢原子，一次性吸收或辐射能量。导致负电子，对应极限能量，不连续改变。最终，在跃迁的，对应轨道上，绕氢核结构运动。显然，归根结底来说，应该是氢原子，一级能量状态。导致负电子，沿极限等能场线运动。

譬如，看起来核素间，呈弱相互作用。像钴原子，凭借弱相互作用力，交换 1 自旋的，重矢量 W^- 玻色子，导致核衰变。方程 ${}^{60}_{27}Co \rightarrow {}^{60}_{28}Ni + {}^-e + {}^-ve$。因为，一切 ${}^1_0n$ 中子，不是稳定的，${}^1_0n \rightarrow {}^1_1P + {}^0_{-1}e + {}^-v$。最终，上下夸克味改变，$d \rightarrow u + w^-$，$w^- \rightarrow {}^-e + {}^-ve$。然而，不过是钴原子，一旦核衰变。导致夸克类，对应极限能量，不连续改变。一 d 味夸克，靠能量损失，在跃迁的，对应轨道上，呈 u 味夸克运动。显然，归根结底来说，应该是钴原了，一级能量状态。导致夸克类，沿极限等能场线运动。

譬如，看起来夸克间，呈强相互作用。像颜夸克类。交换 1 自旋胶子，传递强相互作用力。像 1 红夸克、1 绿夸克、1 蓝夸克，一起组构重子；像 1 红夸克、1 绿夸克或 1 蓝夸克，1 反红夸克、1 反绿夸克或 1 反蓝夸克，一起组构介子。然而，归根结底来说，小尺度里面，子宇宙夸克集合。像微重子，包括 1 红夸克、1 绿夸克、1 蓝

下篇

夸克，分别沿极限等能场线，对应轨道运动的；像微介子，包括1红夸克、1绿夸克或1蓝夸克，1反红夸克、1反绿夸克或1反蓝夸克，分别沿极限等能场线，对应轨道运动的。

譬如，看起来星球间，呈现吸引力。像太阳系。交换2自旋能场波子，传递吸引力，束缚星体类，允许轨道上，绕太阳运动。然而，归根结底来说，大尺度里面，子宇宙恒星集合。像太阳系，包括月亮、地球、天王星，分别沿极限等能场线，对应轨道运动的；像太阳系，包括泰坦、哈雷、特洛伊，分别沿极限等能场线，对应轨道运动的。

显然，在宇宙中，呈异常运动现象。

一方面来说，任何种类的，子宇宙圆球体；任何种类的，子宇宙集合。终归，含时空二象性。譬如，像时间性部分。纵然，无论能量多少。既然，任何种类的，子宇宙圆球体。甚至，任何种类的，子宇宙集合。始终，沿极限等能场线移动。终归，在时间属性上，呈轴线形，从过去、经现在、朝将来，一概流逝的。并且，不倒逾和停止。譬如，像空间性部分。纵然，不管体积大小。既然，任何种类的，子宇宙圆球体。甚至，任何种类的，子宇宙集合。始终，沿极限等能场线波动。终归，在空间属性上，呈辐射状，从核心、经四面、朝八方，一概

127

拓延的。并且，无乾坤和维度。

并且，遵循宇宙定律。

显然，任何种类的，子宇宙圆球体；任何种类的，子宇宙集合。终归，极限能量 E，跟时间速度，整 1 次方，正比例关系；跟空间尺度，根 3 次方，反比例关系。

所以，呈宇宙现象。

譬如，时间增快的。并且，空间拓远的。1987 年 7 月 31 日，临傍晚时分，在瓦砾角湖面上，15 岁大小，芬兰男孩子，驾驶摩托艇，朝栗埃斯塔村游弋。大概 20 点 40 分，小摩托艇，被雾球笼罩。导致男孩子，在幽暗寂静中，不能呼吸活动。为摆脱雾云，小男孩子，急驾摩托艇，希望逃逸离去。虽然，一眨眼功夫，当雾球消失，发现摩托艇，离瓦砾角码头，不超过数拾海里。然而，摩托艇打表，竟数百海里远。况且，小男孩腕表，反映时间长，已 8 月 1 日的，早晨 4 点 10 分。显然，大概数刻钟的，可谓地球时间。对雾罩男孩来说，应该是数钟头。并且，大概数拾海里的，可谓地球空间。对雾罩男孩来说，应该是数百海里。当然，归根结底来说，依据时空定律知道，在球状雾云中，子宇宙芬兰男孩集合的，极限能量 E，若增强 8 倍。那么，对应时间速度，可谓 8 倍增快。虽然，对应空间尺度，可谓 $1/8^3$ 减小。然而，导致运动时间，顺续流逝数 $n_{时}$，对应 8 倍增多。甚至，导致运动空间，

拓延距离数 $n_{距}$，反倒 8 倍增多。最终，呈时间增快现象。并且，呈空间拓远现象。

譬如，时间减慢的。并且，空间缩近的。1981 年 4 月 20 日，傍晚 6 时分，乔治·赖默思驾车，去巴西林赫栗斯市。在 BR101 路段上，被烟雾笼罩。导致赖默思，无法呼吸动弹。最终，反倒漂浮状态。虽然，乔治·赖默思认为，持续时间短，不过数钟头。并且，飞逸空间近，不过数拾公里。甚至，当摆脱雾障时，乔治·赖默思腕表，反映时间短，不过是 4 月 20 日。然而，警察局鉴定，失踪 5 昼夜；迁移 600 英里。因为，发现赖默思时分，在 4 月 25 日；发现赖默思地点，在吉奥城区。显然，大概 5 昼夜的，可谓地球时间。对赖默思来说，应该是数钟头。并且，大概 600 英里的，可谓地球空间。对赖默思来说，应该是数拾公里。当然，归根结底来说，依据时空定律知道，在浓密雾云中，子宇宙赖默思集合的，极限能量 E，若减弱 12 倍。那么，对应时间速度，可谓 1/12 减慢。虽然，对应空间尺度，可谓 12^3 倍增大。然而，导致运动时间，顺续流逝数 $n_{时}$，对应 1/12 减少。甚至，导致运动空间，拓延距离数 $n_{距}$，反倒 1/12 减少。最终，呈时间减慢现象。并且，呈空间缩近现象。

显然，在宇宙中，呈异常时空现象。

归根结底来说，宇宙，不过是 $E=h_0\gamma$，h_0 宇宙常数。

2、绝对时空论

艾撒克·牛顿认为，时空，应该是绝对的，跟运动状态，无影响联系。譬如，像时间部分，包括过去、现在、将来。显然，呈直线形态，匀速流逝的。譬如，像空间部分，包括东西、南北、上下。显然，呈立体形态，匀等延伸的。并且，无论时间部分。纵然，不管空间部分。终归，一概是独立的。显然，无时空演化。甚至，无论运动或静止，任何时间速度，一概是相等的；不管运动或静止，任何空间尺度，一概是相等的。显然，在宇宙中，无异常时空现象。

的确，千百年来，公元地球人，观测时空特点，看起来绝对性的。譬如，像时间部分。始终，一条线均速流逝的。当然，可冬辞春来。譬如，像空间部分。始终，三维体均等延伸的。当然，可殿阙楼阁。并且，无论枯井烂石，不管沧海桑田。始终，无时空演化。甚至，无论枯井烂石，不管沧海桑田。始终，无时空改变。

然而，归根结底来说，时空，不是客观东西。终归，应该是宇宙属性。

因为，任何种类的，子宇宙圆球体；任何种类的，子宇宙集合。终归，含场量二象性。譬如，像量粒性部分。纵然，无论能量多少。然而，任何种类的，子宇宙圆球体。甚至，任何种类的，子宇宙集合。显然，不过是能量点。所以，任何种类的，子宇宙圆球体。并且，任何种类的，子宇宙集合。终归，可谓极限能量 E，跟圆球体的，节律膨胀和塌缩频率 γ，正比例关系。方程 $E=h_0\gamma$，h_0 宇宙常数。譬如，像场波性部分。纵然，不管体积大小。然而，任何种类的，子宇宙圆球体。甚至，任何种类的，子宇宙集合。显然，不过是能场波。所以，任何种类的，子宇宙圆球体。并且，任何种类的，子宇宙集合。终归，可谓极限能量 E，跟圆球体的，节律膨胀和塌缩波长 λ，反比例关系。方程 $E=h_0/\lambda$，h_0 宇宙常数。

所以，任何种类的，子宇宙圆球体；任何种类的，子宇宙集合。

一方面量粒性上，不管体积大小，无论能量多少。既然，不过是能量点。那么，除额外功效应，导致跃迁现象。

131

除势动能演化，导致螺旋加速。始终，沿极限等能场线移动的。显然，呈现运动中，一种顺序和连续性。当然，应该是时间属性。既然，任何种类的，子宇宙圆球体；任何种类的，子宇宙集合。始终，沿极限等能场线移动。最终，呈现时间性上，可谓轴线形，从过去、经现在、朝将来，一概流逝的。终归，不倒逾和停止。

　　一方面场波性上，不管体积大小，无论能量多少。既然，不过是能场波。那么，除额外功效应，导致跃迁现象。除势动能演化，导致螺旋加速。始终，沿极限等能场线波动的。显然，呈现运动中，一种拓阔和延伸性。当然，应该是空间属性。既然，任何种类的，子宇宙圆球体；任何种类的，子宇宙集合。始终，沿极限等能场线波动。最终，呈现空间性上，可谓辐射状，从核心、经四面、朝八方，一概拓延的。终归，无乾坤和维度。

　　显然，任何种类的，子宇宙圆球体；任何种类的，子宇宙集合。

　　终归，含时空二象性。

　　譬如，像时间性部分。纵然，无论能量多少。既然，任何种类的，子宇宙圆球体。甚至，任何种类的，子宇宙集合。始终，沿极限等能场线移动。终归，在时间属性上，呈轴线形，从过去、经现在、朝将来，一概流逝的。当然，不倒逾和停止。

下

篇

譬如，像空间性部分。纵然，不管体积大小。既然，任何种类的，子宇宙圆球体。甚至，任何种类的，子宇宙集合。始终，沿极限等能场线波动。终归，在空间属性上，呈辐射状，从核心、经四面、朝八方，一概拓延的。当然，无乾坤和维度。

并且，遵循宇宙定律。

终归，极限能量 E，跟时间速度，整 1 次方，正比例关系；跟空间尺度，根 3 次方，反比例关系。如果，子宇宙圆球体或集合的，极限能量 E 越强。那么，对应时间速度，呈整 1 次方快。反倒空间尺度，呈根 3 次方小。如果，子宇宙圆球体或集合的，极限能量 E 越弱。那么，对应时间速度，呈整 1 次方慢。反倒空间尺度，呈根 3 次方大。

最终，极限能量 E，跟运动时间，顺续流逝数 $n_{时}$，整 1 次方，正比例关系；跟运动空间，拓延距离数 $n_{距}$，整 1 次方，正比例关系。如果，子宇宙圆球体或集合的，极限能量 E 越强。那么，对应运动时间，顺续流逝数 $n_{时}$，呈整 1 次方多。并且，对应运动空间，拓延距离数 $n_{距}$，呈整 1 次方多。如果，子宇宙圆球体或集合的，极限能量 E 越弱。那么，对应运动时间，顺续流逝数 $n_{时}$，呈整 1 次方少。并且，对应运动空间，拓延距离数 $n_{距}$，呈整 1 次方少。

当然，呈异常时空现象。

譬如，子宇宙圆球体或集合的，极限能量强。那么，对应时间速度，呈整 1 次方快。反倒空间尺度，呈根 3 次方小。因为，对应运动时间，顺续流逝数 $n_{时}$，呈整 1 次方多。并且，对应运动空间，拓延距离数 $n_{距}$，呈整 1 次方多。最终，导致时间增快现象。并且，导致空间拓远现象。

所以，像 1987 年 7 月 31 日，临傍晚时分，在瓦砾角湖面上，15 岁大小，芬兰男孩子，驾驶摩托艇，朝栗埃斯塔村游弋。大概 20 点 40 分，小摩托艇，被雾球笼罩。导致男孩子，在幽暗寂静中，不能呼吸活动。为摆脱雾云，小男孩子，急驾摩托艇，希望逃逸离去。虽然，一眨眼功夫，当雾球消失，发现摩托艇，离瓦砾角码头，不超过数拾海里。然而，摩托艇打表，竟数百海里远。况且，小男孩腕表，反映时间长，已 8 月 1 日的，早晨 4 点 10 分。显然，大概数刻钟的，可谓地球时间。对雾罩男孩来说，应该是数钟头。甚至，大概数拾海里的，可谓地球空间。对雾罩男孩来说，应该是数百海里。归根结底来说，在球状雾云中，子宇宙芬兰男孩集合的，极限能量 E，若增强 8 倍。那么，对应时间速度，可谓 8 倍增快。虽然，对应空间尺度，可谓 $1/8^3$ 减小。然而，导致运动时间，顺续流逝数 $n_{时}$，对应 8 倍增多。并且，导致运动空间，

拓延距离数 $n_{距}$，反倒 8 倍增多。最终，呈时间增快现象。并且，呈空间拓远现象。

譬如，子宇宙圆球体或集合的，极限能量弱。那么，对应时间速度，呈整 1 次方慢。反倒空间尺度，呈根 3 次方大。因为，对应运动时间，顺续流逝数 $n_{时}$，呈整 1 次方少。并且，对应运动空间，拓延距离数 $n_{距}$，呈整 1 次方少。最终，导致时间减慢现象。并且，导致空间缩近现象。

所以，像 1981 年 4 月 20 日，傍晚 6 时分，乔治·赖默思驾车，去巴西林赫栗斯市。在 BR101 路段上，被烟雾笼罩。导致赖默思，无法呼吸动弹。最终，反倒漂浮状态。虽然，乔治·赖默思认为，持续时间短，不过数钟头。并且，飞逸空间近，不过数拾公里。甚至，当摆脱雾障时，乔治·赖默思腕表，反映时间短，不过是 4 月 20 日。然而，警察局鉴定，失踪 5 昼夜；迁移 600 英里。因为，发现赖默思时分，在 4 月 25 日；发现赖默思地点，在吉奥城区。显然，大概 5 昼夜的，可谓地球时间。对赖默思来说，应该是数钟头。甚至，大概 600 英里的，可谓地球空间。对赖默思来说，应该是数拾公里。归根结底来说，在浓密雾云中，子宇宙赖默思集合的，极限能量 E，若减弱 12 倍。那么，对应时间速度，可谓 1/12 减慢。虽然，对应空间尺度，可谓 12^3 倍增大。然而，导致运动时间，

顺续流逝数 $n_{时}$，对应 1/12 减少。并且，导致运动空间，拓延距离数 $n_{距}$，反倒 1/12 减少。最终，呈时间减慢现象。并且，呈空间缩近现象。

甚至，任何种类的，子宇宙圆球体；任何种类的，子宇宙集合。如果，被地球人，克服极限能量差，一定倍数增减改变。终归，可致异常时空现象。

譬如，任何种类的，子宇宙圆球体；任何种类的，子宇宙集合。如果，被地球人，克服极限能量差，一定倍数增多。虽然，对应时间速度，呈整 1 次方快。纵然，反倒空间尺度，呈根 3 次方小。然而，对应运动时间，顺续流逝数 $n_{时}$，呈整 1 次方多。并且，对应运动空间，拓延距离数 $n_{距}$，呈整 1 次方多。所以，在时间上，对应倍数的，比地球村增快。并且，在空间上，对应倍数的，比地球村拓远。最终，呈时间增快现象。并且，呈空间拓远现象。

譬如，任何种类的，子宇宙圆球体；任何种类的，子宇宙集合。如果，被地球人，克服极限能量差，一定倍数减少。虽然，对应时间速度，呈整 1 次方慢。纵然，反倒空间尺度，呈根 3 次方大。然而，对应运动时间，顺续流逝数 $n_{时}$，呈整 1 次方少。并且，对应运动空间，拓延距离数 $n_{距}$，呈整 1 次方少。所以，在时间上，对应倍数的，比地球村减慢。并且，在空间上，对应倍数的，

比地球村缩近。最终，呈时间减慢现象。并且，呈空间缩近现象。

譬如，像美国费城实验。1943年10月28日，当舰艇艾迩德里奇号，被强磁场笼罩时。一眨眼功夫，失踪隐藏影迹。虽然，持续时间短，1刻钟样子。然而，发现艾迩德里奇号，失踪隐藏档口，曾泊479公里外，弗吉尼亚州的，诺福克码头。甚至，1983年5月份，长岛基地草坪上，发现艾迩德里奇舰的，主舵查尔斯·普拉特。纵然，失踪40多年。然而，看起来普拉特，大概20多岁样子。况且，普拉特相信，可谓时间短，不过是40年代末。如果，公元地球人，凭借强磁场效应，克服舰艇艾迩德里奇号，子宇宙集合的，极限能量差，导致减弱10倍。那么，对应时间速度，可谓1/10减慢。纵然，反倒空间尺度，可谓10^3倍增大。终归，导致运动时间，顺续流逝数$n_{时}$，对应1/10减少。并且，导致运动空间，拓延距离数$n_{距}$，对应1/10减少。因为，在时间上，对应是1/10的，比地球村减慢。并且，在空间上，对应是1/10的，比地球村缩近。所以，大概数拾年的，可谓地球时间。对查尔斯·普拉特来说，不过是数年头。并且，大概数百公里的，可谓地球空间。对艾迩德里奇舰来说，不过是数拾公里。

归根结底来说，时空，不过是宇宙属性。

那么，在时间属性上。始终，呈轴线形，从过去、经现在、朝将来，一概流逝的。终归，不倒逾和停止。因为，一些时间速度，不是相等的。所以，导致时间快慢现象。

那么，在空间属性上。始终，呈辐射状，从核心、经四面、朝八方，一概拓延的。终归，无乾坤和维度。因为，一些空间尺度，不是相等的。所以，导致空间远近现象。

显然，允许宇宙中，呈异常时空现象。

下

篇

3、相对时空论

　　爱因斯坦认为，时空，应该是相对的，受运动状态，直接影响联系。并且，爱因斯坦认为，可谓过去、现在、将来，1维线时间；可谓东西、南北、上下、3维体空间。最终，呈时空四维体。甚至，爱因斯坦相信，在宇宙中，分布能质量，不是均匀的。所以，导致时空四维体，呈塌陷弯曲状态。譬如，一些能场弱地方，时空塌曲小。譬如，一些能场强地方，时空塌曲大。跟橡皮毯上，置搁铅球样。如果，铅球质量轻。那么，导致橡皮毯，看起来陷曲度小。如果，铅球质量重。那么，导致橡皮毯，看起来陷曲度大。爱因斯坦相信，长远程吸引力，不过是时空弯曲造成的。并且，光运动速度，传递能场波，呈现吸引力。爱因斯坦认为，时空四维体中，包括光粒子，一切能量点，沿测地线运动。轻质量的，对应直轨迹；重质量的，对应弯轨迹。像日蚀时，太阳环缘边，光线偏折的。

譬如，像运动时间膨胀。爱因斯坦认为，可谓运动时间，应该是减慢的。如果，一惯性系，包括机车和频率钟。那么，在机车上，当随意地点，呈现两事件时。假设，相对机车静止的，惯性频率钟，记录时间 τ。然而，在地面上，观测机车 V 速度运动的。所以，不难想象随意点，已朝运动远方，一定距离移位。显然，地面频率钟，记录时间 t 大，可谓 t > τ。从地面角度，看起来机车的，运动时间慢。并且，爱因斯坦相信，任何运动时间膨胀效应，不过是相对的。因为，在机车上，观测铁道站台，反 V 速度运动的。当然，从机车角度，看起来地面的，运动时间慢。

既然，在运动时间膨胀中，子宇宙圆球体和集合，无极限能量增减改变。那么，依据时空定律知道，狭义相对论的，运动时间膨胀。终归，不算异常时空现象。归根结底来说，不过是运动假象。况且，呈现相对性。

譬如，像运动距离缩短。爱因斯坦认为，可谓运动距离，应该是缩短的。如果，一惯性系，包括机车和钢杆尺。那么，在机车上，沿运动远方，置搁钢杆尺时。假设，相对机车静止的，惯性钢杆尺，记录距离 L。然而，在地面上，观测机车 V 速度运动的。所以，不难想象钢杆尺，

已朝运动远方，一定距离移位。显然，地面钢杆尺，记录距离£小，可谓£＜L。从地面角度，看起来机车的，运动距离短。并且，爱因斯坦相信，任何运动距离缩短效应，不过是相对的。因为，在机车上，观测铁道站台，反V速度运动的。当然，从机车角度，看起来地面的，运动距离短。

既然，在运动距离缩短中，子宇宙圆球体和集合，无极限能量增减改变。那么，依据时空定律知道，狭义相对论的，运动距离缩短。终归，不算异常时空现象。归根结底来说，不过是运动假象。况且，呈现相对性。

譬如，像胞胎兄弟佯谬。假设，一对胞胎兄弟，年龄20岁。不妨想象胞胎哥，在地球上。反倒胞胎弟，乘舱船，V速度，太空逛游。显然，相对地球来说，可谓胞胎哥，应该是静止的。所以，当30年地球时间过去，应该是胞胎哥，已50岁样子。既然，从地球角度，看起来运动的，应该是胞胎弟。那么，依据相对论，运动时间膨胀效应。不难想象胞胎弟，对应时间减慢的。或许，当胞胎弟，乘舱船，V速度，返地球时，不过是21岁。然而，归根结底来说，运动时间膨胀效应，可谓相对的。不妨想象胞胎弟，在舱船上。反倒胞胎哥，乘地球，V速度，太空逛游。显然，相对舱船来说，可谓胞胎弟，应该是静止的。所以，当30年舱船时间过去，应该是胞胎弟，已 50 岁样子。既然，从舱船角度，看起来运动的，应该是胞胎哥。那么，依据相对论，运动时间膨胀效应。不难想象胞胎哥，对应时间减慢的。或许，当胞胎哥，乘地球，V 速度，返舱船时，不过是 21 岁。

既然，在胞胎兄弟佯谬中，子宇宙圆球体和集合，无极限能量增减改变。终归，不算异常时空现象。况且，呈现相对性。因为，30 年时间过去，不知胞胎兄弟，岁数增多少。

譬如，像时空四维体系。爱因斯坦认为，可谓过去、现在、将来，1 维线时间；可谓东西、南北、上下，3 维体空间。最终，呈时空四维体。并且，爱因斯坦相信，在宇宙中，分布能质量，不是均匀的。所以，导致时空四维体，呈塌陷弯曲状态。一些能场弱地方，时空塌曲小；一些能场强地方，时空塌曲大。甚至，爱因斯坦认为，时空四维体中，包括光粒子，一切能量点，沿测地线运动。轻质量的，对应直轨迹；重质量的，对应弯轨迹。爱因斯坦预言，太阳环缘边，一路运动时，光线偏折 1.74 弧秒。1919 年 5 月 29 日，A·E·爱丁顿博士，在西非几内亚湾，对日食背景拍照时，发现太阳附近，光线弯曲的，大概偏折 1.63 弧秒；1919 年 5 月 29 日，F·戴森爵士，在巴西索博拉尔，对日食背景拍照时，发现太阳附近，光线弯曲的，大概偏折 1.98 弧秒。

然而，归根结底来说，时空，不过是宇宙属性。

因为，任何种类的，子宇宙圆球体；任何种类的，子宇宙集合。终归，含时空二象性。

譬如，像时间性部分。既然，任何种类的，子宇宙圆球体；任何种类的，子宇宙集合。始终，沿极限等能场线移动的。终归，在时间属性上，呈轴线形，从过去、经现在、朝将来，一概流逝的。显然，呈现运动中，一种顺序和连续性。当然，应该是时间属性。并且，除时间速度快慢外，不倒逾和停止。

譬如，像空间性部分。既然，任何种类的，子宇宙圆球体；任何种类的，子宇宙集合。始终，沿极限等能场线波动的。终归，在空间属性上，呈辐射状，从核心、经四面、朝八方，一概拓延的。显然，呈现运动中，一种拓阔和延伸性。当然，应该是空间属性。并且，除空间尺度短长外，无乾坤和维度。

所以，在宇宙中，无线形的，1维时间概念。并且，在宇宙中，无立体的，3维空间概念。当然，无时空四维体系。

既然，对时空来说，不过是宇宙属性。当然，无时空维体弯曲效应。

那么，宇宙弯曲现象。归根结底来说，不过是多种类的，子宇宙圆球体。甚至，不过是多种类的，子宇宙集合。

始终，遵循宇宙定律，沿极限等能场线运动造成的。

因为，任何种类的，子宇宙集合。可谓能量场状态，呈现强弱差。在圆球体核心，对应能量场最强；在圆球体缘边，对应能量场最弱。并且，从强核心，朝弱缘边，呈辐射状，持续延伸和递减的。或许，零强度区，离圆球体核心，无限遥远的。

甚至，任何种类的，子宇宙集合。因为，一方面极限能量，可谓相等的，下层级结构部分，在数量上，无限制多的。所以，对应极限等能场线集合，不难想象封闭的，一薄球面壳。因为，一方面极限能量，不是相等的，下层级结构部分，在数量上，无限制多的。所以，对应极限等能场线球壳，不难想象裹套的，无限多圈层。

显然，任何种类的，子宇宙集合。归根结底来说，不过是数量上，无限制多的，下层级结构部分，对应极限等能场线球壳，从强核心，朝弱缘边，呈等圆心，分级圈裹套的。并且，子宇宙集合中，任何极限等能场线球壳，不重叠或聚交。反倒绝对的，平行或散隔样子。甚至，任何结构部分，若极限能量越强。那么，离圆球体核心，应该是越近的。当然，对应等能场线球壳的，半径和体积越小。虽然，反倒等能场线条，对应弧曲越大；任何结构部分，若极限能量越弱。那么，离圆球体核心，应该是越远的。当然，对应等能场线球壳的，半径和体

积越大。虽然，反倒等能场线条，对应弧曲越小。

譬如，像太阳系。终归，包括水星、金星、地球、火星、木星、土星、天王星和海王星。始终，对应等能场线球壳上，无奈徘徊运动。显然，可谓太阳系，从能量场强核心，呈辐射状，朝能量场弱缘边，由地球体类，一切结构部分，对应等能场线球壳，分级圈裹套的。当然，任何等能场线球壳，不重叠触交，反倒散隔样子。因为，像水星体，含极限能量强。所以，离太阳近。虽然，导致等能场线球壳的，半径和体积小。然而，反倒等能场线条，对应弧曲大。因为，像海王星，含极限能量弱。所以，离太阳远。虽然，导致等能场线球壳的，半径和体积大。然而，反倒等能场线条，对应弧曲小。

显然，太阳环缘边，观测光粒子，沿弧轨迹运动。归根结底来说，不过是光粒子，遵循宇宙定律，沿极限等能场线运动。

4、异常时空现象

譬如，时间增快现象。1977年4月25日，一智利军队，在龙栖卡莫高原宿营。凌晨3点50分，靠驻地附近，呈现紫红亮光。当瓦尔德斯军士，零距离接触时。一眨眼功夫，跟紫红亮光，一起隐藏影迹。然而，1天时间过去。发现瓦尔德斯军士，在营房边，一草坪上，无奈徘徊漫步，跟喝醉酒似的。并且，瓦尔德斯腕表，反映时间长，已4月30日。甚至，瓦尔德斯胡子，长粗浓密的。虽然，当晚睡觉前，干净刮剃过。显然，大概1天的，可谓地球时间。对瓦尔德斯来说，应该是5昼夜。

归根结底来说，依据时空定律知道，在紫红亮光中，子宇宙瓦尔德斯集合的，极限能量E，若增强5倍。那么，对应时间速度，可谓5倍增快。因为，导致运动时间，

顺续流逝数 $n_{时}$，对应 5 倍增多。最终，呈时间增快现象。所以，大概 1 天的，可谓地球时间。对瓦尔德斯来说，应该是 5 昼夜。

譬如，空间拓远现象。1981 年 10 月 8 日，迪·亚斯驾车，沿苏格兰茂辣岛观光。中午 12 点，穿越塞伦森林，返托毕蒙坭城时。一眨眼功夫，迪·亚斯汽车，被烟雾笼罩。导致迪·亚斯，在黑暗深渊中，不能呼吸动弹。为摆脱雾气，迪·亚斯猛踩油门，希望疾驰离去。虽然，一般情况下，去托毕蒙坭城，不过 3 刻钟样子。然而，迪·亚斯驱车，一下午时间。并且，小汽车打表，竟数百公里远。显然，大概 50 公里的，可谓地球空间。对迪·亚斯来说，应该是数百公里。

归根结底来说，依据时空定律知道，在浓密烟雾中，子宇宙迪·亚斯集合的，极限能量 E，若增强 5 倍。虽然，对应空间尺度，可谓 $1/5^3$ 减小。然而，导致运动空间，拓延距离数 $n_{距}$，反倒 5 倍增多。最终，呈空间拓远现象。所以，大概 50 公里的，可谓地球空间。对迪·亚斯来说，应该是数百公里。

譬如，时间增快现象。并且，空间拓远现象。1987 年 7 月 31 日，临傍晚时分，在瓦砾角湖面上，15 岁大小，芬兰男孩子，驾驶摩托艇，朝栗埃斯塔村游弋。大概 20 点 40 分，小摩托艇，被雾球笼罩。导致男孩子，在幽暗

147

寂静中，不能呼吸活动。为摆脱雾云，小男孩子，急驾摩托艇，希望逃逸离去。虽然，一眨眼功夫，当雾球消失，发现摩托艇，离瓦砾角码头，不超过数拾海里。然而，摩托艇打表，竟数百海里远。况且，小男孩腕表，反映时间长，已8月1日的，早晨4点10分。显然，大概数刻钟的，可谓地球时间。对雾罩男孩来说，应该是数钟头。并且，大概数拾海里的，可谓地球空间。对雾罩男孩来说，应该是数百海里。

　　归根结底来说，依据时空定律知道，在球状雾云中，子宇宙芬兰男孩集合的，极限能量 E，若增强8倍。那么，对应时间速度，可谓8倍增快。虽然，对应空间尺度，可谓 $1/8^3$ 减小。然而，导致运动时间，顺续流逝数 $n_{时}$，对应8倍增多。并且，导致运动空间，拓延距离数 $n_{距}$，反倒8倍增多。最终，呈时间增快现象。甚至，呈空间拓远现象。所以，大概数刻钟的，可谓地球时间。对雾罩男孩来说，应该是数钟头。并且，大概数拾海里的，可谓地球空间。对雾罩男孩来说，应该是数百海里。

　　譬如，时间减慢现象。1991年8月9日，在冰岛西南角，大抵387公里地方，发现泰坦尼克号的，史密斯船长。看起来60多岁样子，抽犀角烟斗，穿星条制服。虽然，失踪70多年。并且，应该是130多岁。然而，史密斯相信，可谓时间短，不过是20世纪初。依据奥斯陆医学中

下篇

心，对航海档案里面，手指纹鉴定。扎勒·哈兰德认为，在冰岛海岸边，抽犀角烟斗的，应该是泰坦尼克号，史密斯船长。显然，大概 70 年的，可谓地球时间。对史密斯来说，应该是数年样子。

归根结底来说，依据时空定律知道，在冰山海角中，子宇宙史密斯集合的，极限能量 E，若减弱 10 倍。那么，对应时间速度，可谓 1/10 减慢。因为，导致运动时间，顺续流逝数 $n_{时}$，对应 1/10 减少。最终，呈时间减慢现象。所以，大概 70 年的，可谓地球时间。对史密斯来说，应该是数年样子。

譬如，空间缩近现象。1987 年 3 月 5 日，从苏联卫星的，传真图画中，发现 B-29 轰炸机，在月球背面，一陨石坑降停。并且，依据陨石坑大小，推测 B-29 轰炸机，长度数百米。或许，在月球上，B-29 轰炸机，对应体积增大。甚至，美国航天局，监测 B-29 轰炸机，1988 年 7 月 22 日，从陨石坑消失。欧洲 UFO 研究中心，维·格鲁德迩认为，月球 B-29 轰炸机，呈美国空军标志。所以，可能是百慕海战中，失踪 B-29 轰炸机。显然，大概 38 万公里的，可谓地球空间。对 B-29 轰炸机来说，应该是数万公里。

归根结底来说，依据时空定律知道，在百慕海域中，子宇宙 B-29 轰炸机集合的，极限能量 E，若减弱 10 倍。虽然，对应空间尺度，可谓 10^3 倍增大。然而，导致运动空间，拓延距离数 $n_{距}$，反倒 1/10 减少。最终，呈空间缩近现象。所以，大概 38 万公里的，可谓地球空间。对 B–29 轰炸机来说，应该是数万公里。

譬如，时间减慢现象。并且，空间缩近现象。1981 年 4 月 20 日，傍晚 6 时分，乔治·赖默思驾车，去巴西林赫栗斯市。在 BR101 路段上，被烟雾笼罩。导致赖默思，无法呼吸动弹。最终，反倒漂浮状态。虽然，乔治·赖默思认为，持续时间短，不过数钟头。并且，飞逸空间近，不过数拾公里。甚至，当摆脱雾障时，乔治·赖默思腕表，反映时间短，不过是 4 月 20 日。然而，警察局鉴定，失踪 5 昼夜；迁移 600 英里。因为，发现赖默思时分，在 4 月 25 日；发现赖默思地点，在吉奥城区。显然，大概 5 昼夜的，可谓地球时间。对赖默思来说，应该是数钟头。并且，大概 600 英里的，可谓地球空间。对赖默思来说，应该是数拾公里。

归根结底来说，依据时空定律知道，在浓密雾云中，子宇宙赖默思集合的，极限能量 E，若减弱 12 倍。那么，对应时间速度，可谓 1/12 减慢。虽然，对应空间尺度，可谓 12^3 倍增大。然而，导致运动时间，顺续流逝数 $n_{时}$，对应 1/12 减少。并且，导致运动空间，拓延距离数 $n_{距}$，反倒 1/12 减少。最终，呈时间减慢现象。甚至，呈空间缩近现象。所以，大概 5 昼夜的，可谓地球时间。对赖

默思来说，应该是数钟头。并且，大概 600 英里的，可谓地球空间。对赖默思来说，应该是数拾公里。

譬如，像时间过去的。1971 年 8 月，苏联斯诺夫军士，驾 21 型米格机，飞临 4000 多年前的，古埃及领空。因为，从米格机上，斯诺夫军士，发现荒漠中，古埃及人，在砌金字塔群。

归根结底来说，依据时空属性知道，任何种类的，子宇宙圆球体；任何种类的，子宇宙集合。既然，不过是能量点。那么，除额外功效应，导致跃迁现象。除势动能演化，导致螺旋加速。始终，沿极限等能场线移动的。显然，呈现运动中，一种顺序和连续性。终归，呈轴线形，从过去、经现在、朝将来，一概流逝的。所以，不能倒流过去。

并且，依据时空定律知道，任何种类的，子宇宙圆球体；任何种类的，子宇宙集合。终归，若极限能量 E，一定倍数减弱。那么，对应时间速度，一定倍数减慢。当然，导致运动时间，顺续流逝数 $n_{时}$，对应倍数减少。最终，呈时间减慢现象。

虽然，看起来是斯诺夫，驾驶米格机，返时间过去。

然而，归根结底来说，不过是古埃及人，沿时间轴线，从过去、经现在、朝将来，不停顿歇息的，在砌金字塔群。并且，1971 年 8 月份，被斯诺夫撞见。

因为，子宇宙金字塔群集合的，极限能量 E，若减弱 200 倍。那么，对应时间速度，可谓 1/200 减慢。当然，导致运动时间，顺续流逝数 $n_{时}$，对应 1/200 减少。最终，导致砌金字塔群的，古埃及人，呈时间减慢现象。所以，大概 4000 年的，可谓地球时间。对古埃及人，十数年样子。

显然，不是斯诺夫，返时间过去。

终归，反倒是古埃及人，从地球时间，4000 多年前，开始砌金字塔群，不停顿歇息，经 1971 年 8 月，延续遥远将来。纵然，对古埃及人，十数年时间样子。

譬如，像时间现在的。一对情侣恋人，乘豪华游艇，在浪漫旅途中，将镌刻昵称的，一枚订婚戒指，失落深海里面。然而，第 3 年结婚日，在酒店吃饭时，从随意点的，一清蒸海鱼膛肚中，重拾订婚戒指。因为，小夫妻昵称，在铂金钻戒上，看起来镌刻清晰的。

归根结底来说，依据时空定律知道，小夫妻和钻戒的，子宇宙集合，对应极限能量，无增减改变。所以，不算异常时空现象。那么，失落订婚戒指，被海鱼吃吞。并且，大概 3 年时光，不断转移位置。最终，在酒店餐桌上，被夫妻碰见。终归，不过是偶遇巧合。

譬如，像时间将来的。1941 年，一傍晚时分，首相温斯顿·丘吉尔，在伦敦唐宁街 10 号，召聚阁臣宴会。因为，首相温斯顿·丘吉尔，感觉唐宁街厨舍，将遭遇袭击。

所以，让厨师离去。的确，不超过 5 分钟，一枚重磅炸弹，将厨房摧毁殆尽。

归根结底来说，依据时空属性知道，任何种类的，子宇宙圆球体；任何种类的，子宇宙集合。既然，不过是能量点。那么，除额外功效应，导致跃迁现象。除势动能演化，导致螺旋加速。始终，沿极限等能场线移动的。显然，呈现运动中，一种顺序和连续性。终归，呈轴线形，从过去、经现在、朝将来，一概流逝的。所以，不能逾跃将来。

并且，依据时空定律知道，任何种类的，子宇宙圆球体；任何种类的，子宇宙集合。终归，若极限能量 E，无增减改变。那么，对应时间速度，无快慢改变。并且，对应空间尺度，无膨缩改变。最终，无异常时空现象。

虽然，看起来是丘吉尔，从阁臣宴会，穿越时间将来。

然而，归根结底来说，相对现在时分，任何将来事件，一概是虚的。当首相温斯顿·丘吉尔，感觉唐宁街厨舍，将遭遇袭击时。可谓重磅炸弹，未摧毁厨房。当然，应该是虚的，一将来事件。

因为，一方面顺序性，导致时间上，从过去、经现在、朝将来，不能颠倒流逝。

甚至，一方面连续性，导致时间上，从过去、经现在、朝将来，不能逾跃流逝。

所以，像首相温斯顿·丘吉尔，感觉唐宁街厨舍，将遭遇袭击。并且，不超过5分钟，一枚重磅炸弹，将厨房摧毁殆尽。终归，不过是丘吉尔，一种幻觉预言。

显然，不是丘吉尔，穿越时间将来。

下
篇

5、地球人

　　地球，大概是 46 亿年前，太阳星云中，分离旋转构成的。初始，看起来球体状。因为，凭借碰撞和蜕变，上抬核温度。当熔融状时，一些重元素，下沉聚积中心，称铁镍地核；一些轻元素，上浮聚积缘边，称硅镁幔壳。甚至，一些氮氧元素，水蒸气，被岩浆喷溢抛撒。最终，包裹地球的，气体圆圈层，呈现温室效应。

　　土著说认为，原始生物体，发源地球上。初始，大气元素成分，可能是甲烷、氢、氨、水。因为，宇宙射线作用，自然闪电现象，导致化学效应，呈现有机物，像核糖酸分子。并且，一些氨基酸类，在海洋汤中，不断凝聚结合。最终，呈现多聚体。甚至，单细胞生物。1953 年，科学家米勒，模拟原始地球环境，在放电弧实

155

验的，试管容器里面，发现氨基酸和尿素。1977 年，科学家柯栗斯，太平洋海底，一火山喷口，发现原始的，少量海洋蛤和球菌。

外源说认为，原始生物体，发源星际间。一些有机物，在宇宙中，不断弥漫飘荡时，被流星体，当陨粒形式，分布地球表面。最终，呈现胚种体。甚至，低级脂肪酸。1968 年，科学家汤斯，凭借直径 6 米的，大射电望远镜，观测银河系，人马座 B_2 星云中，含水氨分子。1970 年，科学家波楠佩璐玛，从澳洲默契逊地区，一陨星碎块中，发现原始的，少数氨基酸。

因为，自然环境适宜。所以，导致地球上，一些原始生物体，从有机分子，朝动植物类，不断高级演化。譬如，35 亿年前，呈现蓝绿藻菌。27 亿年前，呈现光合植物。18 亿年前，呈现真核细胞。推测 4.8 亿年时候，呈现裸蕨植物和昆虫鱼类。并且，大多数海洋生物，朝陆地迁徙移居。虽然，近 3.5 亿年中，十多次数的，大灭绝事件，像恐龙消失。然而，归根结底来说，应该算动植物类，大繁殖演化期。譬如，像石炭纪，呈现爬行动物。像侏罗纪，呈现哺乳动物。像白垩纪，呈现胎育动物。甚至，大概 3000 万年前，呈现古猿类。大抵 60 多万年前，呈现北京人。

或许，公元地球人，可能是 700 万年前，一支原始猿类，

下

篇

不断演化的。譬如，公元前550～120万年间的，称南猿人。1924年，在南非恺普省，发现250万年前的，汤恩颅骨化石。推测脑组织容量，大概600毫升。并且，枕骨孔位置，在颅底中心。所以，相信汤恩南猿人，应该是伸挺腰背，靠腿脚活动的。譬如，公元前240～100万年间的，称高能人。1960年，在东非坦桑尼亚，发现180万年前的，奥渡威颅骨化石。推测脑组织容量，大概680毫升。因为，发现碎砾料化石，被打磨加工。所以，相信奥渡威能人，可制造石器工具。譬如，公元前170～20万年间的，称直立人。1929年，在北京房山区，发现60万年前的，周口店颅盖化石。推测脑组织容量，大概1000毫升。因为，发现厚灰烬化石，含鹿骨、树籽、炭粒。所以，相信周口店直立人，采留自然火，可烤肉、御寒、驱兽。譬如，公元前30～1.2万年间的，称智能人。1933年，在周口店龙骨山，发现3万年前的，山顶洞骨骼化石。推测脑组织容量，大概1500毫升。因为，发现木炭灰、骨角器、赤矿粉化石。所以，相信山顶洞智人，可钻木燎火、缝补兽皮、奉尊神灵。甚至，凭血缘关系，靠部落形式，呈现原始社会。譬如，近1.5万年来的，称现代人。大概5000年前，创造青铜器、甲骨文。大抵1500年前，创造黑火药、指南针。像炮弹、电灯、飞机，近300年制造的。像核弹、电脑、飞船，近100年制造的。

显然，上元地球人，应该是 700 万年前的。并且，元次阶段上，可谓多茬数的。譬如，在中国富源县，从三叠纪岩石中，发现 2.35 亿年前的，人类赤脚印化石。譬如，在美国羚羊泉，从寒武纪岩石中，发现 2.8 亿年前的，人类鞋踩印化石。最终，任何阶段的，上元地球人。除断根绝灭，跟恐龙似的。或许，在地球内，已迁徙栖息。甚至，朝地球外，已迁徙侨居。

　　相信，任何阶段的，下元地球人。未来，在地球村，将繁衍栖息的。

6、外星人

　　归根结底来说，地球，不是宇宙中心。并且，公元地球人，不是宇宙唯一。

　　譬如，1947 年 7 月 4 日，大概傍晚 11 点 30 分。一 UFO 机械器，在美国罗斯维尔，牛牧场坠毁。大概 7 月 5 日的，凌晨 6 点时分，布莱索牧夫，在 UFO 坠毁地点，发现残碎片，轻巧，质硬，可弯曲摺叠，不清楚成分。509 空军基地的，少校马歇尔，在 UFO 坠毁地点，发现外星人，头硕大，眼裂宽，白肤色，无心跳和呼吸迹象。1952 年 11 月 18 日，美国 MJ-12 机构报告，在罗斯维尔，牛牧场坠毁的，金属 UFO 圆球体，无引擎、机翼、螺旋桨。然而，含桌椅、机舱、操控板。并且，在残骸上，呈现象形文。甚至，美国 MJ-12 机构报告，在罗斯维尔，牛牧场坠落的，小外星人，脑容量大，上肢臂长。含蹼膜、血液、肌肉。无耳廓、毛发、拇指。2011 年，美国联邦调查局，从解密档案中，发现罗斯维尔，牛牧场坠毁 UFO 的，一份备忘录。显然，应该是霍特尔，1950 年2 月份，呈报联邦调查局的。在备忘录中，上尉霍特尔，描述 84 机库棚里面，目睹罗斯维尔，牛牧场坠毁的，飞碟体积大，直径 10 米长。看起来外星人，身高 4 英尺，金属料服装。上尉霍特尔，推测 UFO 坠毁缘故，可能是509 空军基地雷达造成的。

譬如，在巴西圣保罗郊区，一洞穴里面，考古学家狄赞璐，发现废城堡遗址，大概 8000 年前的。并且，除陶瓷器皿，首饰珠宝，电讯钟表。甚至，发现外星人，木乃伊模样。身高 4 英尺，头颅大，眼裂窄，手指少。显然，不是现代的，南美洲人。

譬如，在以色列诸戴山区，一岩洞里面，考古学家拉瓦栗，发现碟盘 UFO 残骸，大抵 6000 年前，飞临地球村的。并且，发现外星人，木乃伊模样。推测黑肤色，亮眼睛，粗肌肉。甚至，凭借放射性拍片，发现外星人，矮骨架、双胃囊和心脏。

譬如，像数百年前，水陆栖性的，加拉曼特外星人，光顾非洲多贡部落。并且，传授多贡人，一些宇宙知识。像非洲多贡人，悉知天狼恒星系，不是孤独的，包括索

普特、朴陀璐和恩瑂纳部分。甚至，非洲多贡人，相信
索普特星，可能最核心的。无论朴陀璐，不管恩瑂纳，
应该是暗伙伴。1930年，科学家狄泰林，考察非洲原始
部落时，在岩洞壁画中，发现多贡人，勾勒天狼星的，
完整运动轨迹图案。显然，数百年前的，非洲多贡人，
已知索普特和朴陀璐星，沿椭圆轨道线，交错缠绕运动。
一周期时间，大概50年样子。虽然，凭借望远镜，观测
天狼恒星系，离地球村遥远，大抵8.6光年。况且，1980
年3月份，首次捕获朴陀璐射线。因为，体积小，光度低，
质量大。所以，称朴陀璐白矮星。

　　譬如，1947年2月份，一支美国空军探险队，在缅
甸原始森林中，发现地球洞穴。除建筑、青苔、猛犸外。
在洞体内，发现外星人，绿眼睛，白肤色，身高8英尺样子。
并且，听外星人，念欧洲语言。

　　譬如，1968年1月份，一家美国石油勘探队，在伊
斯坦堡峡谷中，发现地球洞穴。推测垂直深度，大概270米。
在迷宫中，发现外星人，亮眼睛，粗脖颈，身高12英尺
样子。并且，当外星人，一声怒吼时，气浪掀沙卷石。

　　譬如，1983年7月14日，大概傍晚8点10分。一
UFO机械器，在苏联索斯洛夫卡，小山坡坠毁。大概7
月15日，中午1点时分。上校埃马托夫，在UFO坠毁地点，
发现密闭舱似的，金属圆球体，直径1.5米长，含脚架、

窗户、反推制动装置。并且，上校埃马托夫，在 UFO 圆球体里面，发现熟睡的，小外星人。伏隆郅医学院报告，在索斯洛夫卡，小山坡坠落的，男性外星人，年龄 1 岁大小，身高 66 厘米，体重 11 公斤，眼睛紫色，脑袋硕大，除指趾蹼膜外，无头发、眼睑、眉毛。凭借放射性拍片，发现男孩外星人，心脏大，脉搏慢。甚至，看起来男孩外星人，应该是高智能的。像脱服装时，举胳膊配合。显然，喜欢铝制玩具。然而，呼吸道感染，导致心肺衰竭。最终，在地球上，存活时间短，不超过 100 天。

譬如，1993 年 9 月 13 日，大概傍晚 20 点 30 分。一 UFO 机械器，在美国亚里桑纳州，小沙漠坠毁。大概 9 月 14 日，上午 10 点时分。中尉查德莱恩，在 UFO 坠毁地点，发现碟盘似的，飞船舱残骸，直径 6 米长，含桌椅、舷窗、操控制动装置。并且，中尉查德莱恩，在 UFO 碟盘体边，发现熟睡的，小外星人。美国道斯基地报告，在亚里桑纳州，小沙漠坠落的，女性外星人，年龄 5 岁大小，眼睛圆，耳朵尖，手指长，无鼻梁和头发。因为，高智商能力，短时间教习，可解高等数学，听懂多种语言。甚至，靠拥抱形式，传递感恩情意。

譬如，1969 年 7 月 16 日，中午 13 点 32 分，美国阿波罗 11 号，从佛罗里达州的，肯尼迪航空基地腾飞。7 月 19 日，当阿波罗 11 号，沿月球轨道运动时。阿姆斯特朗报告，凭借摄像机镜头，发现瘪汽缸似的，一串UFO幽浮。飞移速度快，可直角拐弯，易悬浮停止。并且，追踪阿波罗11号，一度最短距离，不超过1米。7月21日，当阿波罗11号，在月球降落时。阿姆斯特朗报告，一陨石坑边，发现UFO幽浮，太空船似的，直径30米样子。并且，看起来UFO幽浮舱里面的，一些外星人，对阿波罗11号，持监视眼光。甚至，阿姆斯特朗报告，在月球面上，发现清晰的，人赤脚印迹。显然，应该是外星人，未穿航空靴，近期踩踏的。

譬如，1981年5月份，苏联礼炮6号，太空轨道运动时。上校弗纳基米尔，凭借摄像机镜头，发现圆球体状，含24扇窗户的，一艘UFO幽浮。追踪礼炮6号，一度最短距离，不超过30米。并且，上校弗纳基米尔，发现UFO幽浮舱里面，乘载外星人，蓝眼睛，褐肤色，高鼻子。虽然，看起来外星人，表情淡漠的。然而，交流招呼时，可知搭理配合。给弗纳基米尔，看UFO运动路径图，点注太阳系；朝弗纳基米尔，伸竖拇指头，表赞许观点。甚至，上校弗纳基米尔，目睹外星人，未穿航空服，无吸氧装备，可自由的，太空轻脚漫步。

据说，追踪礼炮舱的，蓝眼睛外星人，凭借数码符号，传授弗纳基米尔，一些宇宙知识。譬如，宇宙膨胀状态。由原始星云，一次爆炸演变的。并且，含地球、太阳和银河的，主膨胀域区，呈圆球体状。虽然，可谓空间大，直径 1.4×10^4 亿光年。纵然，可谓时间长，已 140 亿年样子。然而，主膨胀域里面，宜繁衍栖息的，星球体数目，不超过 5 粒。当然，包括地球村。被蓝眼睛外星人，称家园 4 号。那么，像蓝眼睛外星人，在家园 1 号。主膨胀域缘边，一类行星体，比地球质量小，气压强度高，半径 6300 公里，年轮 345 昼夜。大概 3227 万年前，分阶段茬次的，上元蓝眼睛外星人，在家园 1 号，曾繁衍栖息。像绿肌肤外星人，在家园 2 号。离地球 74 万光年远。所以，在月球背面，大筑 UFO 基地。像矮外星人，在家园 3 号。手指粗，眼裂宽，身体小，不超过 4 英尺，跟原始猿似的。像高外星人，在家园 5 号。大抵 2173 万年前，主膨胀域外，迁徙搬移来的。寻访地球村时，曾授玛雅人，一些耕植、饲养、雕塑技术。甚至，包括象形文。

现在，从体貌上，分类外星人。譬如，一些矮矬人，身高 1 米样子，脑袋硕大，颈臂肥长，前额突凸，耳朵短小，眼神滞呆。譬如，一些蒙古人，身高 1.5 米样子，黢黝肤色，皱褶眼角，厚宽嘴巴，高圆颧骨，浓密眉毛。譬如，一些蹼爪人。1958 年 11 月 28 日，凌晨 2 点时分，南美玻利瓦尔，一乡村路上，呈现 UFO 幽浮，看起来圆盘状，直径 3 米长。并且，发现裸袒外星人。虽然，无耳廓、眼睑、拇指。然而，长指趾蹼膜。甚至，发现蹼膜外星人，

下
篇

呈攻击性。譬如，一些翼翅人。1967年9月29日，上午10点时分，法国奥里亚克，一农舍院中，呈现UFO幽浮，看起来圆球状，直径2米长。并且，发现玲珑外星人。虽然，无鼻梁、嘴唇、眉毛。然而，长胳膊翅膀。甚至，发现翅膀外星人，呈腾翔性。

1960年，天体物理学家德拉克，创宇宙绿岸假说，方程 $N=R \cdot f_p \cdot n_e \cdot f_1 \cdot f_i \cdot f_c \cdot L$。或许，下限 $N=40$；上限 $N=5 \times 10^7$。显然，天体物理学家德拉克认为，在银河系，让外星人，可繁衍栖息的，星球体数目，最起码40粒。那么，不难想象总星系。甚至，无限宇宙里面。所以，公元地球人，不是宇宙唯一。

归根结底来说，可谓宇宙人。当然，除地球人。终归，包括外星人。

上百年来，公元地球人。始终，一厢情愿的，寻觅外星人，希望沟馈联系。

譬如，寻截外星人，一些宇宙信息。1960年，天体物理学家德拉克，实施奥茨玛项目，凭借直径26米的，大型望远镜，对鲸鱼恒星系，持续监测搜索，大概6天时间。1980年，苏联赛蒂项目，凭借检测站，人造卫星网，对仙女星系，长期监测搜索。1983年，美国SETI项目，凭借望远镜，太空射频线，对银河星系，长期监测搜索。1992年，美国航空局，实施微波游项目，凭借直径64米的，巨霸望远镜，对80光年范围，上千恒星系，持续监测搜索，大概3年时间。最终，未截获外星人，任何宇宙信息。纵然，一些波信号。终归，应该是过去的。因为，像鲸鱼恒星系，离地球11.8光年。像仙女星系，离地球150万光年。

譬如，传递外星人，一些地球信息。1972年3月2日，美国航空局，发射垦拓10号，宇宙探测器。木星轨道边，飞越太阳系。并且，携地球名片，一张22.5×15厘米，金属铝制板。主要资料部分，不过是图案和数据。包括氢跃迁结构、太空船轮廓、脉冲星位置、计算机数码、立体男女裸像。1974年11月16日，美洲嘎雷西博台，凭借射频线，电波宽档形式，朝武仙 M_{13} 星云，传递地球讯号。包括阿拉伯数字、化学元素序、人类和太阳图像。1977年9月5日，美国航空局，发射旅游1号，宇宙探测器。土星轨道边，飞越太阳系。并且，携地球唱片，一张直径30.5厘米，金属铜制盘。主要资料部分，不过是数码和录音。包括总统问候语、中国京剧曲、大海波涛声、人类繁殖图、虚模地球演化。最终，不清楚外星人，可获地球信息。纵然，一些波信号。终归，应该是将来的。因为，像天狼恒星系，离地球8.6光年。像武仙 M_{13} 星云，离地球3.5万光年。

既然，在宇宙中，允许外星人，可繁衍栖息的。然而，公元地球人，无法沟馈联系。归根结底来说，不过是外

下篇

星人，可繁衍栖息的，子宇宙星球体集合，对应极限能量，
不相等造成的。

因为，依据时空定律知道，任何种类的，子宇宙圆
球体；任何种类的，子宇宙集合。终归，极限能量 E，跟
时间速度，整 1 次方，正比例关系；跟空间尺度，根 3 次方，
反比例关系。如果，子宇宙圆球体或集合的，极限能量 E
越强。那么，对应时间速度，呈整 1 次方快。反倒空间尺度，
呈根 3 次方小。如果，子宇宙圆球体或集合的，极限能
量 E 越弱。那么，对应时间速度，呈整 1 次方慢。反倒
空间尺度，呈根 3 次方大。

甚至，依据时空定律知道，任何种类的，子宇宙圆
球体；任何种类的，子宇宙集合。终归，极限能量 E，跟
运动时间，顺续流逝数 $n_{时}$，整 1 次方，正比例关系；跟
运动空间，拓延距离数 $n_{距}$，整 1 次方，正比例关系。如果，
子宇宙圆球体或集合的，极限能量 E 越强。那么，对应
运动时间，顺续流逝数 $n_{时}$，呈整 1 次方多。对应运动空间，
拓延距离数 $n_{距}$，呈整 1 次方多。最终，呈时间增快现象。
并且，呈空间拓远现象。如果，子宇宙圆球体或集合的，
极限能量 E 越弱。那么，对应运动时间，顺续流逝数 $n_{时}$，
呈整 1 次方少。对应运动空间，拓延距离数 $n_{距}$，呈整 1
次方少。最终，呈时间减慢现象。并且，呈空间缩近现象。

譬如，任何种类的，子宇宙星球体集合。如果，极

限能量 E，比地球体的，对应强 5 倍。那么，导致时间速度，比地球村的，对应 5 倍快。虽然，反倒空间尺度，比地球村的，对应 $1/5^3$ 小。然而，导致运动时间，顺续流逝数 $n_{时}$，对应 5 倍多。并且，导致运动空间，拓延距离数 $n_{距}$，反倒 5 倍多。最终，呈时间快现象。并且，呈空间远现象。

归根结底来说，在时间部分。因为，大概 10 年的，地球村时间。对外星人，可能是 50 年样子。当然，呈时间快现象。甚至，可谓外星人，年龄快增长。像 30 岁地球人，太空遨游 10 年。终归，不过是 40 岁的，中年阶段期。然而，30 岁外星人，太空遨游 50 年。终归，应该是 80 岁的，暮年阶段期。所以，导致外星人，宇宙活动中，反倒时间短。

归根结底来说，在空间部分。因为，大概 1 光年的，地球村空间。对外星人，可能是 5 光年样子。当然，呈空间远现象。甚至，小空间尺度，导致外星人，可谓体格矮矬。像地球人，身高 1.8 米。或许，对应外星人，不超过 0.36 米。所以，导致外星人，宇宙活动中，反倒空间窄。

如果，无极限能量改变。那么，持续原始时空状态。当然，一辈子，在星球体栖息，无法遨游离去。

譬如，任何种类的，子宇宙星球体集合。如果，极限能量 E，比地球体的，对应弱 5 倍。那么，导致时间速度，

下篇

168

比地球村的，对应 1/5 慢。虽然，反倒空间尺度，比地球村的，对应 5^3 倍大。然而，导致运动时间，顺续流逝数 $n_{时}$，对应 1/5 少。并且，导致运动空间，拓延距离数 $n_{距}$，反倒 1/5 少。最终，呈时间慢现象。并且，呈空间近现象。

归根结底来说，在时间部分。因为，大概 50 年的，地球村时间。对外星人，可能是 10 年样子。当然，呈时间慢现象。甚至，可谓外星人，年龄慢增长。像 30 岁地球人，太空遨游 50 年。终归，应该是 80 岁的，暮年阶段期。然而，30 岁外星人，太空遨游 10 年。终归，不过是 40 岁的，中年阶段期。所以，导致外星人，宇宙活动中，反倒时间长。

归根结底来说，在空间部分。因为，大概 5 光年的，地球村空间。对外星人，可能是 1 光年样子。当然，呈空间近现象。甚至，大空间尺度，导致外星人，可谓体格高挑。像地球人，身高 1.8 米。或许，对应外星人，最起码是 9.0 米。所以，导致外星人，宇宙活动中，反倒空间宽。

如果，无极限能量改变。纵然，持续原始时空状态。当然，一瞬间，从星球体腾飞，可能遨游离去。

显然，看起来宇宙中，一些外星人。譬如，在月球背面，大筑基地群。甚至，乘载航舱体，光顾地球村。相信，不是技术上，比地球人，一概强多少。

归根结底来说，应该是外星人，可繁衍栖息的，子宇宙星球体集合，对应极限能量，比地球体，一定倍数弱造成的。

因为，任何种类的，子宇宙星球体集合，若极限能量，比地球体弱。那么，对应时间速度，比地球村慢。虽然，反倒空间尺度，比地球村大。然而，导致运动时间，顺续流逝数 $n_{时}$，呈整 1 次方少。并且，导致运动空间，拓延距离数 $n_{距}$，呈整 1 次方少。所以，在时间上，对应倍数的，比地球村慢。在空间上，对应倍数的，比地球村近。最终，呈时间慢现象。并且，呈空间近现象。

譬如，大概 38 万公里的，可谓地月空间。或许，对外星人，不过是 3.8 万公里远。并且，大概 6000 多分钟的，可谓地月时间。或许，对外星人，不过是 600 多分钟长。所以，导致外星人，从月亮上，飞临地球村。终归，跟地球人，乘空客 A340-500，从北京市，飞纽约似的。

纵然，少数外星人，可繁衍栖息的，子宇宙星球体集合，对应极限能量，比地球体，一定倍数强。然而，若外星人，克服 UFO 幽浮的，对应极限能量差，比地球体弱。那么，凭借 UFO 幽浮，乘载外星人，可遨游银河系。甚至，穿越太阳系，飞临月亮和地球村。

如果，公元地球人，克服航舱体的，对应极限能量差，一定倍数减弱。相信，一样遨游银河系。当然，不是氢燃料剂，火箭驱动力，飞逸地球村。

下
篇

7、飞 碟

　　飞碟，称 UFO 幽浮。不清楚地点、结构和特征的，飞逸漂浮体。

　　虽然，少数是地球上，一些物理、化学、幻觉现象。然而，大多数是外星人，宇宙遨游时，太空船载体。

　　譬如，3400 年前，古埃及人，在莎草纸上，凭借象形文，记载 UFO 故事。在屠特莫塞斯朝的，22 年冬季，一傍晚时分，发现 UFO 幽浮，火环体样子，直径 10 米，无脑袋和尾巴。虽然，无噪响音。然而，喷恶臭雾气。并且，发射强亮光，可挡蔽太阳。甚至，看起来 UFO 幽浮，可悬停和腾飞。

　　譬如，公元 880 年，大唐僖宗朝，天降 UFO 幽浮。一槎船状的，机械舱器体，长 18 米，头端尖，身腰鼓，

171

质材硬，金属音。并且，可浮旋和降落。最终，从麟德殿消失。

譬如，1878年1月24日，德克萨斯州的，农夫吉·马丁，发现高空中，一架悬浮体，呈碟盘形状，直径1米样子。因为，看起来碟盘体，反射亮彩光，冒喷浓烟火。显然，不是候鸟类。

譬如，1947年6月24日，下午2点时分。肯栗斯·阿诺德商人，驾驶旋翼机，在华盛顿州的，哈斯特雷尼迩山，上空3500米地方，发现UFO幽浮群，呈规则梯队。肯栗斯·阿诺德商人，观测UFO幽浮，金属圆盘状，直径15米，飞逸运动快，1小时功夫，可能2600公里速度。并且，看起来跳跃似的，像打漂碟子。

譬如，1950年12月7日，凌晨4点30分。上校威廉·柯哈姆，驾驶侦察机，在德克萨斯州，上空7200米地方，发现UFO幽浮。上校威廉·柯哈姆，估测UFO幽浮，飞逸运动快，1小时功夫，可能3500公里速度。然而，直角拐弯时，导致UFO幽浮坠落。12月8日，下午3点时分。上校威廉·柯哈姆，在坠毁地点，发现UFO圆盘体，大概直径10米，反射银亮光。除圆球顶盖外，无铆钉、脚架、窗户。甚至，乘载外星人，皮肤黢黝色，身高1.2米。除指趾蹼膜外，无眼睑、鼻梁、眉毛。

譬如，1965年3月1日，下午5时30分。在希洛克

下篇

威尔，约翰·隶弗斯船工，奇遇 UFO 幽浮。看起来圆球体状，直径 10 米长，含脚架和舷窗。并且，乘载外星人，身高 1.5 米样子，皮肤黑，眼裂宽，下颌尖，太空服装束。甚至，小矮外星人，送隶弗斯船工，一张数码纸片。

譬如，1979 年 11 月 11 日，一架西班牙客机，在 7315 米的，高空航线上，偶遇 UFO 幽浮。看起来雪茄似的，从腰腹地方，冒喷淡烟火。并且，呈强活动度，可俯冲、翻滚、停悬。甚至，直角拐弯、急速坠浮。像 30 秒钟，下降 3658 米。

譬如，1981 年 1 月 8 日，在唐昂普罗旺斯的，一乡村路上，天降 UFO 幽浮。M·尼古拉报告，看起来 UFO 幽浮，呈椭圆体状，像篮球似的。除腰腹带外，无脚架、电线、舷窗。然而，可垂直腾浮。显然，一眨眼功夫，可踪影消失。无振动、气浪、噪音。法国空间研究中心，在 M·尼古拉报告的，UFO 幽浮降落地点，发现机械踏陷坑，直径 2.4 米。一些碎石子，被嵌踏陷坑泥沙中。大多数草茎，绕踏陷坑核心，沿逆时针，呈螺旋涡倒伏。并且，在降落坑缘边，发现外星人，金属鞋踩踏痕迹。甚至，在 UFO 幽浮降落区，检测枯草成分，像叶绿素、蔗糖汁，一概损耗减少。显然，无核辐射迹象，反倒是电磁场效应。

譬如，1991 年 6 月 15 日，一 UFO 幽浮，在比利时领空活动。依据雷达资料，布鲁威迤报告，看起来 UFO

幽浮，呈菱角形的，直径50米，反射淡亮光。少将布鲁威迩，发现UFO幽浮，飞逸运动快，1小时功夫，可能1800公里速度。并且，可瞬息减速、直角拐弯、悬浮静止。

譬如，2008年1月17日，NTV电视台，播映雅曼镇拍摄的，一节UFO幽浮录像片。伊斯坦布尔，太空研究中心，科学家汉克顿报告，看起来雅曼UFO幽浮，呈椭圆球体状，大概直径15米，含舱室、电线、舷窗。并且，发现雅曼UFO幽浮，乘载外星人，小巧玲珑模样。

显然，飞碟结构形态，看起来多种类的。譬如，像圆球、雪茄、草帽、陀螺、槎船、盘子。

并且，飞碟功能特点，看起来超强性的。譬如，可垂直坠浮。像30秒钟，下降3658米；可瞬息拐弯。像0.14秒钟，直角90度；可高速运动。像1小时功夫，飞逸2.4万公里。显然，易翻滚、停滞、倒退；可隐形、辐射、攻击。甚至，穿越时空障碍，传递数码信息。当然，乘载外星人，可谓最核心的。

电磁场假说认为，一些外星人，凭借电磁能转化，可随机的，对物质构件，实施解裂或拼凑活动。譬如，让电粒子，一定规则排序。最终，导致吸引或排阻效应，呈现原始动力。那么，凭借磁悬原始力，飞碟活动时，可垂线坠浮、直角拐弯、急速运动。甚至，突破时空障碍，千万光年远的，宇宙遨游活动。

反重量假说认为，一些外星人，凭借屏蔽重力，可随机的，将物体质量，一定数消耗转化。最终，反作用增强，可高速退离。因为，依据相对论知道，零质量效应，无限驱动力。所以，飞碟质量减少，对应运动增快。甚至，任何坐标系，呈最极限的，光运动速度。

反物质假说认为，一些外星人，反宇宙域里面的。虽然，飞碟结构成分，反对称粒子。然而，分布密度上，被外星人，可随机的，实施操控改变。譬如，飞碟体壳中，反对称粒子，跟地球的，正物质粒子，可碰撞湮灭。最终，导致辐射亮光，呈隐露现象。譬如，反对称粒子，被外星人，一旦屏蔽踪影。那么，飞碟体壳中，净剩正粒子。所以，可抵抗地球的，正物质效应。最终，凭借超强作用力，飞碟活动时，可垂线坠浮、直角拐弯。甚至，光运动速度，穿越时空障碍。

虫洞桥假说认为，宇宙中，时空弯曲的。所以，在皱褶地方，呈腔隙管道。或许，无限制细长。显然，可连接地球、太阳和星系。甚至，包括旋转黑洞、大爆炸宇宙间。若外星人，凭借暗物质能量，掌控腔隙管稳定。那么，飞碟活动范围，应该是遥远的。并且，光运动速度，穿越时空障碍。譬如，大麦哲伦星系，离地球 16 万光年。如果，沿虫洞桥运动。或许，不超过 16 光年样子。

然而，归根结底来说，飞碟超强功能性。像垂线坠浮、直角拐弯、急速运动。甚至，穿越时空障碍。终归，不过是外星人，可繁衍栖息的，子宇宙星球体集合，对应极限能量，跟地球体，不相等造成的。

譬如，一些外星人，可繁衍栖息的，子宇宙星球体集合。如果，极限能量 E，比地球体的，一定倍数弱。那么，对应时间速度，比地球村的，呈整 1 次方慢。虽然，反倒空间尺度，比地球村的，呈根 3 次方大。然而，导致运动时间，顺续流逝数 $n_{时}$，比地球村的，呈整 1 次方少。并且，导致运动空间，拓延距离数 $n_{距}$，比地球村的，呈整 1 次方少。当然，飞碟幽浮来说，在时间上，对应倍数的，比地球村慢。在空间上，对应倍数的，比地球村近。最终，呈时间慢现象。并且，呈空间近现象。终归，像空间上。大概 38 万公里的，可谓地月空间。或许，飞碟幽浮来说，不过是 3.8 万公里远。并且，像时间上。大概 6000 多分钟的，可谓地月时间。或许，飞碟幽浮来说，不过是 600 多分钟长。显然，跟地球上，一般轰炸机似的。可垂直坠浮。像 300 秒钟，下降 3658 米；可瞬息拐弯。像 1.4 秒钟，直角 90 度；可高速运动。像 10 小时功夫，飞逸 2.4 万公里。

因为，呈异常时空现象。所以，导致地球人，一种错觉观念。飞碟功能特点，比轰炸机，一定超强的。

譬如，一些外星人，可繁衍栖息的，子宇宙星球体集合。如果，极限能量 E，比地球体的，一定倍数强。那

么，对应时间速度，比地球村的，呈整 1 次方快。虽然，反倒空间尺度，比地球村的，呈根 3 次方小。然而，导致运动时间，顺续流逝数 $n_{时}$，比地球村的，呈整 1 次方多。并且，导致运动空间，拓延距离数 $n_{距}$，比地球村的，呈整 1 次方多。当然，飞碟幽浮来说，在时间上，对应倍数的，比地球村快。在空间上，对应倍数的，比地球村远。最终，呈时间快现象。并且，呈空间远现象。终归，像空间上。大概 38 万公里的，可谓地月空间。或许，飞碟幽浮来说，应该是 380 万公里远。并且，像时间上。大概 6000 多分钟的，可谓地月时间。或许，飞碟幽浮来说，应该是 60000 多分钟长。显然，跟地球上，一般迁徙鸟似的。虽然，可凌腾翔翔。然而，凭借原始能力，无法逃逸外星人，可繁衍栖息的，天球体范围圈。

纵然，飞碟迁徙鸟似的。然而，若极限能量，被外星人，一定倍数减弱。或许，可载外星人，宇宙遨游活动。当然，包括银河系。甚至，飞临月亮和地球村。

8、麦　圈

　　譬如，1647年夏季，在英格兰的，韦斯特郡区，一庄稼地上，呈现麦圈图案。看起来圆环状，直径5米样子。并且，麦秆倾覆统一，呈逆时针。虽然，应该是凌晨时分。甚至，下瓢泼雨。然而，麦圈范围中，无泥泞脚踩痕迹。

　　譬如，1990年5月17日，英国撒醴郡，汉普顿镇的，贾栗·汤姆森夫妇，在庄稼地上，小径散步时，奇遇强流雾云。一股压榨力，导致汤姆森夫妇，无法呼吸动弹。并且，看起来头发，跟静电似的，支竖飘逸样子。然而，当浓雾消失，发现麦地上，呈圆环形状的，几何圈图案，直径3米长。甚至，麦秆倾覆统一，呈逆时针，螺旋涡状态。

　　譬如，1991年6月29日，大概凌晨4点，在英国威德郡，迪渭赛斯镇的，一庄稼地上。科学家摩根斯顿，

下篇

凭借录像机，持续拍摄麦田中，变幻浓雾云。6点钟时分，当雾流消失，发现麦地上，呈圆圈图案。并且，小麦秆倾覆样子，看起来涡旋状，方向顺时针。虽然，下连绵细雨。然而，麦圈范围中，无泥泞脚踩痕迹。甚至，在探测器里面，无红外射线，音响影像讯号。

譬如，1997年夏季，雷碧盖特博士，在美国俄勒冈州，一庄稼地上，发现麦圈图案。雷碧盖特博士，观察麦秆茎，暗藏微洞孔。并且，在麦圈地上，发现磁荷粒子。当然，无论秆茎洞孔，不管磁荷粒子，分布规则均匀的。看起来洞孔和磁荷数目，从图案核心，呈辐射状，朝圈环缘边，不断延伸减少。甚至，雷碧盖特博士，发现麦圈图案外，一些庄稼杆茎，可谓植物节增长，呈规律改变。如果，离麦圈越近。那么，对应影响越大。如果，离麦圈越远。那么，对应影响越小。

譬如，2000年6月份，在俄罗斯的，什塔弗洛波迩区，一庄稼地上，呈现麦圈图案。看起来圆形的，直径20米样子。并且，麦秆倾覆统一，呈螺旋状态，方向顺时针。甚至，发现外星人，从图案核心，采泥壤标本。虽然，下陷圆柱坑穴，大概深20厘米。然而，观测麦圈范围中，无辐射痕迹。

譬如，2001年8月份，英国翰浦郡的，太空望远镜站边，一庄稼地上，呈现麦圈图案。虽然，庄稼杆倾覆凌乱。然而，上空俯瞰时，发现麦圈图案中，一幅正方形的，像外星人，五官眼鼻脸谱；一幅菱角形的，像外星人，天体信息名片。科学家鲍威尔，依据脸谱和名片，一些编码信息，推测外星人，大抵最核心的，不是碳元素，反倒硅和氧成分。并且，像脱氧核糖酸 DNA，比地球人，对应根数多。甚至，科学家鲍威尔，依据脸谱和名片，一些编码信息，推测外星人，头脑硕大，身体矮小。显然，可自由的，宇宙遨游活动。或许，在栖息的，天球体上，已繁衍外星人，总数 213 亿样子。

譬如，2008 年 6 月 19 日，英国威迩特郡的，巴博栗城堡，一庄稼地上，呈现麦圈图案。看起来圆环状，直径 150 米长。麦秆倾覆统一，呈螺旋涡态，方向顺时针。天体物理学家，麦克·隶德认为，巴博栗城堡的，庄稼图案信息，可能是圆周率，一简编码公式，方程 $\pi=3.141592654$。因为，麦圈螺旋状，沿抛射弧线，分割 10 断片。并且，一截面积多少，反映阿拉伯数大小。像最核心的，小圆圈断片，对应 3 数字；像最缘边的，长带环断片，对应 4 数字。甚至，在螺旋图案中，发现圆周率的，小数点影子。

譬如，2009 年 6 月初，英国牛津郡，金斯顿库姆碧谷，一庄稼地上，呈现麦圈图案。水母漂游形态，长径 183 米，头圆弧状，1 嘴巴，2 眼球，6 触手，串珠身子，长细尾巴。

下
篇

科学家凯伦认为，水母麦圈图案，应该是外星人，夜晚凌晨时分，机械拓模的。因为，水母图案大，麦秆倾覆统一，无脚踩痕迹。

譬如，2009年6月末，英国威迩特郡，德维泽斯村的，一庄稼地上，呈现麦圈图案。凤凰涅槃形态，长径120米，头圆环状，1喙突，2彩冠，6翅翼，燕蛇晗颈，龟鱼椎脊。科学家凯伦认为，凤凰麦圈图案，应该是外星人，夜晚凌晨时分，机械拓模的。因为，凤凰图案圆，呈现闹钟模样，含玛雅预言。

如果，归纳麦圈特点。

大多数椭圆或球形的。虽然，少数扁条、伞头、不规则形态。纵然，像花草、蜜蜂、蝎子。并且，一些图案庞大，直径180米长。一些图案复杂，分套500圈层。然而，几何精准，勾绘优美。或许，含哲学概念，呈宇宙预言。

大多数图案来说，子夜凌晨时分，可能是瞬息的，机械拓模品。因为，下瓢泼雨，无泥泞脚踩痕迹。甚至，在探测器里面，无红外射线，音响影像讯号。况且，在图案缘边，发现外星人。

看起来麦圈的，庄稼秆倾覆统一，大多螺旋状，方向顺或逆时针。虽然，被拓踏倒伏。然而，不是折断割裂的。显然，可持续粗壮增长。当然，麦秆茎节点，呈烧烤痕迹。

麦秆茎管上，呈细微洞孔。麦秆弯曲地方，观测碳分子，呈现结构改变。

从图案泥壤中，发现磁荷粒子，分布辐射状。离图案核心，可谓是越近的，对应磁粒数多。离图案核心，可谓是越远的，对应磁粒数少。

甚至，一些图案区，呈电磁或辐射现象。

电磁场假说。科学家吉弗隶·威尔逊，发现庄稼地边，大多是泥塘，变压器设施。当春夏季节，从泥壤中，释溢负离子，跟高压线上，一些正电荷，巧遇碰撞时。因为，电磁能效应。所以，凭借移动力，平扫杆茎倒伏，呈现麦圈图案。

龙卷风假说。不稳定环境中，多股强劲空气，对流旋转运动，导致龙卷风。像涡旋漏斗，上部浓暗积雨云，下端纤细旋风管。因为，气流涡旋快，时速300公里样子；水平范围小，半径100米样子；持续时间短，不超30分钟样子。所以，在庄稼地上，可瞬息的，卷制麦圈图案。

高辐射假说。俄罗斯地质院的，科学家斯弥迩诺夫，将庄稼地里，正常荞秆茎，置搁微波炉中，在高频600瓦辐射下，十数秒时间，发现节瘤地方，一样皱折弯曲。并且，无断裂痕迹。显然，跟陶栗亚蒂图案中，麦秆倾覆似的。所以，导致斯弥迩诺夫，相信陶栗亚蒂图案，应该是地球内，大磁场变化，靠高频辐射造成的。甚至，

俄罗斯工学院的，科学家阿迩绛耶夫，将高压缆线，悬挂草坪上，当电源连接闭合，发现草杆茎，立刻顺时针，一致规律倒下，呈圆圈图案。分析是地磁场效应，当草坪机定，对应缆线转子，凭借电磁扭动力，平扫杆茎弯曲。并且，电源断离时，看起来草杆茎，可腰背挺直。所以，导致阿迩绛耶夫，相信陶栗亚蒂图案，应该是地球外，大自然闪电，靠高频辐射造成的。

告预知假说。麦圈图案寓意，可能是将来的，一些灾难预言。譬如，在俄罗斯的，一葵花地上，呈现车轮、飞翔鸽图案。或许，告知地球上，将遭遇灾难似的。并且，点津地球人，可搭机械舱，飞越太阳系。譬如，英国威迩特郡的，一庄稼地上，呈现凤凰涅槃图案。或许，像玛雅预言，告知灾难时分，可能是 2012 年 12 月 21 日。

恶闹剧假说。少数麦圈图案，人类制造的。譬如，像英国伦敦的，约翰·林德博格坦承，曾凌晨时分，在庄稼地上，凭借材板碾踏，细绳拖牵，木棍固定，沿顺时针，偷制螺旋图案。譬如，像加珂福尼亚的，克拉希博迩男孩子，在庄稼地上，拿材板、线绳、棍子，表演圆圈炮制法。虽然，一刻钟功夫。然而，麦圈图案优美，几何数据精准。

的确。一些庄稼图案，大自然造成的。像电磁场滚动，龙卷风涡旋，高辐射熨帖。然而，大自然效应，不过是随机、简略和粗糙的。终归，不像圆周率、水母鱼、凤凰涅槃类，几何精准，勾绘优美。相信，一些庄稼图案，人类制造的。凭借材板踩踏、长绳拖牵、木棍固定，可炮制螺旋圈，跟碾磨似的。然而，一些图案庞大，直径180米长。一些图案复杂，分套500圈层。并且，含哲学概念，呈宇宙预言。甚至，大多数图案来说，子夜凌晨时分，一眨眼功夫，被拓踏制成的。虽然，下瓢泼雨，无泥泞脚踩痕迹。况且，庄稼图案的，茎杆倾覆统一。可弯曲倒伏，无折断裂损。在茎节点，呈烧烤痕迹。在茎管上，呈细微洞孔。在弯折地方，观测碳分子，呈结构改变。在泥壤里面，发现磁荷粒子，分散辐射状。当然，可谓最核心的，应该是图案域区，发现外星人。

既然，允许外星人，在宇宙中，可繁衍栖息。当然，除自然现象，人恶闹剧外。相信，大多数麦圈图案，应该是外星，飞临地球村时，机械拓模品。显然，跟摁扣印章似的。譬如，像圆周率、水母鱼、凤凰涅槃类。并且，几何精准，勾绘优美。甚至，含哲学概念，呈宇宙预言。

下

篇

9、宇航梦

　　千百年来，公元地球人，可谓最梦想的，应该是宇宙中，无限制遨游。叹惜，无阶梯登天；憾恨，无翅膀腾飞。

　　既然，观察碎屑纸片，在柴炉上，不是燃烧湮灭，反倒漂浮的。所以，法国蒙格菲认为，除阶梯和翅膀外，凭借热流空气，沿腾冲路径，摆脱地球控束，一样遨游苍穹。譬如，1783 年 9 月 19 日，在凡尔赛宫前，蒙格菲兄弟，表演棉纸糊制的，气球浮载活动。虽然，气球葫芦瓶，质量200公斤，体积800立方米。并且，乘载动物多，包括山羊、公鸡和鸭子。然而，被湿草烟熏时，上飘500米，持续 8 分钟，飞逸 3.5 公里。甚至，1783 年 11 月 21 日，在穆埃特城堡，蒙格菲兄弟，表演棉纸糊制的，气球浮载活动。虽然，从巴黎 16 街区，波徬朝皇宫腾飞。在巴黎13街区，意大利林园降落。持续时间短，不过25分钟。上抬空间矮，不过0.8公里。然而，可谓最核心的，应该是活动中，棉纸葫芦瓶，乘载地球人。显然，公元地球人，无阶梯和翅膀情况下，首次脱离地面，实现遨游梦。

1766年，英国皇家学会上，亨利·卡温迪胥报告，金属铁和硫酸溶合，可释燃烧素，气体状态的，质量轻，密度小，无颜色。并且，充猪膀胱球中，呈现腾浮效应。法国化学家，洛朗·拉瓦锡认为，气体燃烧素，不过是最轻的，无味道氢气。因为，低密度特点，呈现强浮力。所以，可替热流空气，上抬密闭舱体。譬如，飞艇脏腑里面，充填满氢气，可垂直腾浮。1784年，法国罗伯特兄弟，凭借微薄氢气，1吨重浮力，将容积940立方米，鱼梭形状的，飞艇密闭体，上浮600多米。1852年9月24日，工程师亨利·吉菲尔，在法国巴黎市，表演纺锤形状的，飞艇浮载活动。虽然，长度44米，直径40英尺，容积1100立方米。然而，充满微薄氢气，可致2吨重浮力。工程师亨利·吉菲尔，掌操航标盘，从马戏场腾飞，持续180分钟，在特拉普降落。甚至，凭借蒸汽机驱动，3叶螺旋桨推力。飞艇纺锤体，在500米高空中，水平运动28公里。1900年，伯爵格拉芙·齐博林，凭借微薄氢气，13吨浮力，将容积1.2万立方米，雪茄形状的，飞艇LZ-1号，上浮1500多米。

因为，在高空中，当雁鸥雀鸟，平铺翅膀时，可俯冲游弋。所以，工程师莱特认为，飞机航器物，可借弥漫空气，上抬腾浮力，一样滑翔运动。1903年12月17日，上午10点时分，卡洛莱纳州，小鹰岛海滩上。工程师莱特兄弟，仿雁鸥制造的，飞机航器1号，靠落体牵引力，分流弥漫空气，反作用抬浮下，飞翔36.68米，持续12秒钟。虽然，飞机航器1号，应该算最原始的。譬如，长度6.43米，重量360公斤。主要结构部分，不过是拉线蒙布。2层机翼架子，面积47.7平方米。发动机功率，不足12千瓦。靠脚踏车链条，传动螺旋桨。无降落装置，靠滑撬撑点。无舱椅设备，靠俯卧操纵。甚至，飞机航器1号，水平滑翔高度，不超过1米。

　　现在，飞机航程最远的，应该是空客A340-500，大概16600公里；飞机航时最长的，应该是协和747-300，大概1969分钟；飞机载重最多的，应该是梦想An-225，大概600吨；飞机载座最密的，应该是巨霸A380-1，大概850人。虽然，像美国X-43A，在速度上，应该是最快的，一眨眼功夫，飞逸7700公里；像美国X-15A，在高度上，应该是最深的，一蹾脚功夫，飞凌95.9公里。然而，无论运动快多少。并且，不管运动高多少。归根结底来说，飞机航器物，单借弥漫空气，上抬腾浮力。终归，无法逃逸地球的，大气层圈范围。

牛顿经典理论认为，地球吸引力，导致抛物体，若速度小，将弧线坠落的。如果，1 秒钟功夫，飞逸 7.9 千米，宇宙循环速度。那么，任何航器物，在圆周轨道上，绕地球运动。如果，1 秒钟功夫，飞逸 11.2 千米，宇宙脱缚速度。那么，任何航器物，在椭圆轨道上，绕太阳运动。如果，1 秒钟功夫，飞逸 16.7 千米，宇宙逃逸速度。那么，任何航器物，在抛弧轨道上，穿越太阳系。如果，1 秒钟功夫，飞逸 110 千米，宇宙遨游速度。那么，任何航器物，在自由轨道上，穿越银河系。甚至，1 秒钟功夫，飞逸 1500 千米。那么，任何航器物，穿越总星系。最终，在宇宙中，将涅槃或湮灭。

　　然而，无论烟熏热气，呈现腾冲力；不管轻飘氢气，呈现腾浮力。纵然，凭借弥漫空气，呈现腾翔力。终归，单借原始能力，无法驱动航器物，飞逸地球村，穿越银河系。虽然，宇宙初级速度，1 秒钟功夫，不过 7.9 千米。

　　或许，火箭喷射动力，反驱航器物，可摆脱地球控束。甚至，大气层圈外，持续腾冲运动。

　　当然，火箭原始版，中国制造的。

　　初始，不过是竹棍上，缠绵絮条，涂桐油水，点燃焚烧时，拿硬弩射飞。

　　北宋朝时期，依据炼丹术，伏矾黑炸药。最终，火药纸糊筒，绑竹棍顶部，点燃细引线，气流热驱动下，

火药筒竹箭，急速喷射腾飞。

15世纪，含黑炸药的，火箭制造术，经印度国，阿拉伯和西班牙，传播欧洲域地。

1805年，英国皇家炮队的，上校威廉·康格栗夫，依据药箭喷射机理，首造欧洲版，火药炮弹箭，长度1.06米，重量28斤。虽然，上千米远射程。然而，无法逃脱地球的，大气层范围。

最终，俄罗斯科学家，康栖坦迪认为，凭借液驱动剂，多级接棒模式。火箭，持续加速度，驱动航器体，可摆脱吸引力，飞逸地球村。甚至，1秒钟功夫，飞逸16.7千米，穿越太阳系。

譬如，1957年10月4日，卫星斯普栗柯1号，从苏联柏堞璐尔，飞逸地球村。最终，在900公里轨道上，绕地球运动。1961年4月12日，少校尤里·加佳林，乘苏联制造的，飞船东方号，穿越温室圈。最终，绕地球运动。1968年12月21日，飞船阿波罗8号，从美国肯尼迪中心，飞逸地球村。最终，在112公里轨道上，绕月球运动。1969年7月20日，少校尼迩·阿姆斯特朗，乘美国制造的，飞船阿波罗11号，穿越温室圈。最终，登月球漫步。

甚至，1971年5月28日，凭借K-D级质子，火箭运载体，反推驱动力。火星探测器3号，从苏联柏堞璐尔，飞逸地球村。近200昼夜的，太空跋涉路。最终，火星体登陆。并且，失踪消影前，给地球村，传递20秒钟的，一串影视信号。1997年7月4日，美国制造的，火星探测器垦拓号，凭借液箭运载体，反推驱动力，穿越温室圈。最终，火星体上，登落阿瑞斯谷。并且，凭借索颉纳车，观测陆地上，含沙尘、卵石和陨坑。在椭圆岛，发现冲蚀痕迹。或许，十数亿年前，水流造成的。据说，美国宇航局，计划2030年前，靠液箭运载体，反推探测船，穿越温室圈。并且，乘载地球人，飞临遥远的，火星体栖息。

然而，火箭运载体，靠液剂和接棒模式。终归，无超强驱动力，让航器体，1秒钟功夫，飞逸16.7千米，宇宙逃逸速度，在抛弧轨道上，穿越太阳系。

因为，在燃料部分，可载质量少；在运动部分，可能速度慢；在功效部分，可谓能量小。

譬如，在燃料部分。如果，2000吨重的，太空航梭机，千年地球速度，飞临吡邻星C。那么，含载燃料质量，可能超10^{119}千克。纵然，靠棒质离子，反推驱动力。虽然，在速度上，大概强200倍。然而，推测储料箱大小，可能是500艘油轮体积样子。倘若，希望航梭机，可停泊终点。甚至，百年地球速度，从吡邻星C，可返航太阳系。显然，火箭燃料剂，无法想象质量多少。

譬如，在运动部分。如果，太空航梭机，飞临吡邻星 C。纵然，光运动速度。然而，1 周期时间，应该是 9 年样子。况且，若运动越快。或许，导致质量增多。倘若，无限快速度。那么，可谓运动质量，无限制多的。最终，反倒质量增多，导致运动减慢。显然，穿越太阳系，无法想象时间多长。

譬如，在功效部分。如果，无原始驱动力。那么，任何航梭机，无法运动的。然而，2000 吨重的，太空航梭机，飞临吡邻星 C，可谓消耗能量大小，应该是 7×10^{19} 焦尔。终归，大概是亚特莱蒂斯号，飞逸 50 年的，总耗能量数。显然，穿越银河系，无法想象能量多大。

热动能假说认为，凭借强激光，导致高温度，让氢燃料剂，多释解能量。那么，火箭驱动力，无限制增强的。所以，太空航梭机，千年地球速度，飞临吡邻星 C，含载氢质量减少，不超过 10^{119} 千克。

光动能假说认为，飞船航梭机上，备 1000 平方米的，可折叠电池板，靠吸纳阳光，反推驱动力。那么，飞船运动速度，无限制增快的。或许，1 小时功夫，可能 10 万公里。所以，飞临冥王星，不超过 1 年样子。

核动能假说认为，凭借钚裂变，反应堆离子，无限强喷射力。最终，反冲航梭机，光运动速度，穿越太阳系。

甚至，透镜假说认为，在 500AU 范围外，置搁望远镜，导致恒星吸引力，无限制放大。最终，传递航梭机，无穷驱动力。

希腊哲学家，阿基米德认为，凭借杠杆和撑点，可撬动地球体。

归根结底来说，依据时空定律知道，公元地球人，太空遨游深度，不过是航梭机，子宇宙集合，对应极限能量决定的。

如果，任何航梭机，子宇宙集合，可谓极限能量，比地球体的，对应强 10 倍。那么，导致时间速度，比地球村的，对应 10 倍快。虽然，反倒空间尺度，比地球村的，对应 $1/10^3$ 小。然而，导致运动时间，顺续流逝数 $n_{时}$，对应 10 倍多。甚至，导致运动空间，拓延距离数 $n_{距}$，反倒 10 倍多。最终，呈时间快现象。并且，呈空间远现象。譬如，在时间部分。因为，大概 10 年的，地球村时间。对航梭机来说，可能是 100 年样子。所以，呈时间快现象。当然，飞船航梭机，宇宙活动中，反倒时间短。譬如，在空间部分。因为，大概 1 光年的，地球村空间。对航梭机来说，可能是 10 光年样子。所以，呈空间远现象。当然，飞船航梭机，宇宙活动中，反倒空间窄。假设，无极限能量改变。那么，凭借原始能力。终归，导致航梭机，局限地球村上，无法遨游离去。像季候鸟似的。

如果，任何航梭机，子宇宙集合，可谓极限能量，跟地球体相等。那么，对应时间速度，跟地球村相当。

YUZHOU

并且，对应空间尺度，跟地球村相当。所以，飞船航梭机，太空遨游深度，应该是地球人，靠原始动源决定的。譬如，凭借氢燃料剂，多级接棒模式，反推驱动力。1957 年 10 月 4 日，卫星斯普栗柯 1 号，从苏联柏堁璐尔，飞逸地球村。最终，在 900 公里轨道上，绕地球运动；1961 年 4 月 12 日，少校尤里·加佳林，乘苏联制造的，飞船东方号，穿越温室圈。最终，绕地球运动；1968 年 12 月 21 日，飞船阿波罗 8 号，从美国肯尼迪中心，飞逸地球村。最终，在 112 公里轨道上，绕月球运动；1969 年 7 月 20 日，少校尼迩·阿姆斯特朗，乘美国制造的，飞船阿波罗 11 号，穿越温室圈。最终，登月球漫步。譬如，凭借 K-D 级质子，火箭运载体，反推驱动力。1971 年 5 月 28 日，火星探测器 3 号，从苏联柏堁璐尔，飞逸地球村。近 200 昼夜的，太空跋涉路。最终，火星体登陆；凭借液氢燃料剂，火箭运载体，反推驱动力。1997 年 7 月 4 日，美国制造的，火星探测器垦拓号，穿越温室圈。最终，火星体上，登落阿瑞斯谷。据说，美国宇航局，计划 2030 年前，靠液箭运载体，反推探测船，穿越温室圈。并且，乘载地球人，飞临遥远的，火星体栖息。甚至，凭借强激光，钚裂变，太阳电池板，透镜吸引力。公元地球人，希望航梭机，穿越太阳系。

如果，任何航梭机，子宇宙集合，可谓极限能量，

193

比地球体的，对应弱 10 倍。那么，导致时间速度，比地球村的，对应 1/10 慢。虽然，反倒空间尺度，比地球村的，对应 10^3 倍大。然而，导致运动时间，顺续流逝数 $n_{时}$，对应 1/10 少。甚至，导致运动空间，拓延距离数 $n_{距}$，反倒 1/10 少。最终，呈时间慢现象。并且，呈空间近现象。譬如，在时间部分。因为，大概 10 年的，地球村时间。对航梭机来说，可能是 1 年样子。所以，呈时间慢现象。当然，飞船航梭机，宇宙活动中，反倒时间长。譬如，在空间部分。因为，大概 1 光年的，地球村空间。对航梭机来说，可能是 0.1 光年样子。所以，呈空间近现象。当然，飞船航梭机，宇宙活动中，反倒空间宽。纵然，无极限能量改变。然而，凭借原始状态。终归，导致航梭机，可地球村腾飞，穿越银河系。像 UFO 幽浮似的。

如果，公元地球人，让航梭机的，子宇宙集合，对应极限能量，持续倍数减弱。或许，可搭航梭机，在宇宙中，实现遨游梦。显然，跟外星人，克服极限能量差，一定倍数减弱，乘搭 UFO 幽浮，宇宙遨游似的。

终归，1943 年 10 月 28 日，公元地球人，在费城造船坞，靠能量场改变，让驱逐舰艾迩德里奇号，一眨眼功夫，飞临 479 公里外，弗吉尼亚诺福克码头。

下

篇

194

10、黑　洞

　　1783 年，剑桥科学家，约翰·米歇逊认为，在宇宙中，任何恒星体，若质量多。并且，对应密度大。那么，凭借超强的，牛顿吸引力，可控制恒星内，一切结构部分。

　　1798 年，法国科学家，拉普纳斯认为，在宇宙中，任何恒星体，若质量多。并且，对应密度大。那么，凭借超强的，牛顿吸引力，可吞噬恒星外，一切坠落东西。

　　1969 年，科学家约翰·惠勒，创黑洞理论。因为，在宇宙中，一些黑洞体，质量多，密度大，呈超强吸引力。所以，束控范围内，一切结构部分。并且，吞噬范围外，一切坠落东西。甚至，包括运动最快的，光能量粒子。

　　虽然，人类眼睛中，无黑洞影子。

　　然而，归根结底来说，在宇宙中，含黑洞体部分。

因为，凭借望远镜，发现宇宙里面，可能是黑洞造成的，一些运动和辐射现象。

譬如，观测天鹅座体系，发现蓝星运动轨迹，呈缠绕周期变化。或许，可能是 6 倍 M$_日$ 的，宇宙黑洞体，在 1300 万英里外，绕天鹅星 X—1，不断旋转造成的。并且，天鹅星 X—1，一些结构部分，被黑洞体，持续吸积移动，看起来龙卷风似的。甚至，呈螺旋状，飞溅 X 射线粒子。

譬如，观测 M87 星系，发现直径 130 光年的，气态云盘体，沿椭圆轨道，持续旋转运动，1 小时功夫，大概 160 万公里速度。或许，可能是 80 亿 M$_日$ 的，宇宙黑洞体，在 M87 核中心，不断吸引造成的。并且，包括云盘的，一些结构部分，被黑洞体，持续吸积噬灭，看起来凤凰涅槃似的。甚至，呈轴极线，喷射高能电粒子。

现在，观测质量最轻的，宇宙黑洞体，可能是 XTE J1650—500。推测质量 3.8 倍 M$_日$，直径 24 公里长。可谓运动轨迹，呈缠绕改变，一周期时间，大抵 0.32 天；观测年龄最幼的，宇宙黑洞体，可能是 SN 1979C。由螺旋 M100 星系，一质量 20 倍 M$_日$ 的，II—L 型恒星体，在 30 多年前，经塌缩爆炸形成的。甚至，观测旋转最快的，宇宙黑洞体，可能是 GKS 1915+105，1 秒钟功夫，大抵转 1000 圈样子；观测距隔最远的，宇宙黑洞体，可能是 NGC 300—1，离太阳系，大抵 6500 万光年。

下篇

在宇宙中，太初黑洞体，可谓最原始的。大爆炸 10^4 年内，靠膨胀效应，由弥漫雾原子，不断挤轧形成的。虽然，推测体积小，不超过氢核样子。然而，含质量大，跟地球相当。

在宇宙中，超级黑洞体，大多是星团系，主要结构部分。在核旋转区，靠强吸引力，由重磅恒星体，不断碰撞形成的。虽然，推测体积小，不过是时空奇点。然而，含质量超大，上百亿倍 $M_日$。

当然，大多数黑洞体，应该是重量上，可能超 $3.2M_日$ 的，一些恒星类，在核燃烧末，不断塌缩形成的。

天体物理学家钱德拉塞卡，发现红巨星的，对应简排压大小，不过是确定的，一极限数值。然而，任何红巨星的，重能吸引力，受限质量多少。所以，红巨星核心，凭借吸引力，克服简排压，持续塌缩演化。终归，应该是恒星质量决定的。

譬如，若红巨星核心，在质量上，比较 $3.2M_日$ 大。那么，可谓等离电子，凭借简排压，不能抵抗引力。终归，导致红巨星核心，无限塌缩演化。甚至，当红巨星质量，零距离集合。最终，呈黑洞体状态。当然，看起来密度，无限制重大。并且，看起来体积，无限制微小。因为，无限强吸引力，可控制范围内，一切结构部分；无限强吸引力，可碎噬范围外，一切坠落东西。或许，包括运动最快的，光能量粒子。所以，在终结地方，呈零时空奇点。

天体物理学家维纳·伊斯雷尔，依据相对论，发现宇宙中，若红巨星核心，不是旋转的。那么，在坍缩中，呈辐射状，传递重能场波。最终，导致黑洞体，呈圆球形状。并且，持续静止的。显然，零转动黑洞体，由恒星质量决定的。

天体物理学家罗伊·克尔，依据相对论，发现宇宙中，若红巨星核心，不断旋转的。那么，在坍缩中，呈轴对称，抛膨赤道地方。最终，导致黑洞体，呈腰鼓形状。并且，持续旋转的。显然，轴转动黑洞体，由恒星旋速决定的。

然而，英国物理学家，布南顿·卡特认为，可谓轴转动黑洞体，像陀螺样子。赤道膨胀率，由黑洞旋转的，对应速度限定。

况且，英国物理学家，戴维·罗宾逊认为，任何黑洞体，一概旋转运动的。可谓圆球态，不过是黑洞体的，零膨胀形式。可谓恒静态，不过是黑洞体的，零旋速形式。甚至，戴维·罗宾逊认为，任何黑洞体，不能搏动的。

显然，宇宙黑洞理论认为，在终结上，由红巨星质量和旋速决定的。终归，任何黑洞体，不过是裸奇点。

1939 年，物理学家罗伯特·奥本海默，依据相对论，发现超 $3.2M_日$ 的，红巨星核心，在坍缩中，凭借强吸引力，

可控缚极限运动的，光能量粒子。像日食时，光线偏拆似的。因为，任何吸引力，应该是辐射状，从恒星核心，朝遥远缘边，无限延递的。既然，光能量粒子，绕恒星运动时，将偏折弯曲路径。如果，红巨恒星体，持续收缩坍陷。那么，导致体积缩小，对应吸引增强。显然，在红巨恒星边，光线偏折弧曲大。当然，看起来黯淡颜色。最终，当超 $3.2M_日$ 的，红巨星核心，极限坍缩结束，呈零时空黑洞奇点。那么，无限强吸引力，可控缚范围缘上，一切弥漫东西。譬如，像极限运动的，光能量粒子。

所以，物理学家奥本海默，将黑洞体缘上，无限多数目，光能量粒子，对应运动轨迹构成的，光锥封闭面，称宇宙黑洞体，事件视界壳。

史蒂芬·霍金认为，事件视界壳，应该是黑洞缘边的，最终极地方。

显然，像地狱门。穿越视界壳，一切坠落东西，从黑洞外，被吸噬殆尽；凭借视界壳，一切结构部分，在黑洞中，被控缚限定。纵然，像极限运动的，光能量粒子。终归，在视界壳上，无奈徘徊运动。

所以，史蒂芬·霍金相信，任何光粒子，无法坠落黑洞中；任何光粒子，无法逃逸黑洞外。

并且，史蒂芬·霍金相信，无限根数的，光运动轨道线，不能重叠或聚交。反倒是恒定的，平行或散隔样子。

甚至，史蒂芬·霍金相信，若光能量粒子，朝黑洞内，可坠落殆尽；若光能量粒子，朝黑洞外，可逃逸离去。那么，无法想象黑洞缘边，含终极层的，事件视界壳。因为，归根结底来说，任何光粒子，一旦碰撞触交，将坠落湮灭。最终，导致黑洞体，事件视界壳，不是稳定的。

1969 年，物理数学家彭罗斯，依据相对论，创黑洞监督假说。

彭罗斯认为，一方面超 3.2 $M_⊙$ 的，红巨星核心，在坍缩结束，呈黑洞体时。无论是圆球状的，零旋转速度。不管是腰鼓状的，匀旋转速度。终归，在体积上，无限制微小。并且，在密度上，无限制重大。因为，无限强吸引力，支解黑洞中，一切结构部分。最终，导致黑洞体，看起来混沌状。譬如，定律和法规湮灭。甚至，方位和始终缺失。

彭罗斯认为，一方面锥形体的，事件视界壳，应该是黑洞缘边，终极蔽障圈。因为，允许视界外，一切坠落东西，被吸噬殆尽。束缚视界内，一切结构部分，被禁闭锁定。显然，凭借强吸引力，事件视界壳，可遮藏黑洞体。最终，导致黑洞体，看起来禁闭态。譬如，任何黑洞体，不是搏动的。甚至，任何黑洞体，无辐射效应。

所以，彭罗斯认为，宇宙黑洞体，应该是裸奇点。

虽然，上帝憎恨裸奇点。

下篇

YUZHOU

史蒂芬·霍金认为，事件视界壳上，无限根数的，光运动轨道线，不能重叠或聚交。反倒恒定的，平行或散隔样子。那么，不难想象黑洞体的，事件视界面大小，在时间流逝中，最起码稳定的。或许，可增添多少。当然，应该绝对的，不萎缩减少。因为，一方面黑洞体，吞噬坠落东西，像辐射粒子。最终，事件视界面，可添补增多。并且，一方面黑洞体，零距离触交，导致碰撞融合。最终，事件视界面，无萎缩减少。所以，史蒂芬·霍金认为，宇宙黑洞体，呈现熵特点。终归，事件视界面，不是缩减的。

　　甚至，普林斯顿学院的，雅柯埠·柏肯思坦认为，事件视界面大小，应该算黑洞熵量度。因为，任何坠落东西，被黑洞吸噬时。既然，含载熵量的。那么，一定增添黑洞体，事件视界面。虽然，看起来黑洞体外，可谓总熵数，对应是缩减的。所以，雅柯埠·柏肯思坦相信，在时间流逝中，事件视界面积值，跟黑洞体外，余剩熵数总和，不是降减的。

　　虽然，像地狱门。穿越视界壳，一切坠落东西，从黑洞外，被吸噬殆尽；凭借视界壳，一切结构部分，在黑洞中，被控缚限定。纵然，像极限运动的，光能量粒子。终归，在视界壳上，无奈徘徊运动。

　　然而，史蒂芬·霍金认为，若黑洞体，含载熵温度。那么，将辐射状，传递能量的。最终，凭熵热效应，呈辐射现象。

并且，科学家雅柯夫·颉迩哆维奇，发现轴转动的，宇宙黑洞体。纵然，无熵热效应。然而，不确定性原理，允许旋转黑洞体，可辐射能量粒子。

甚至，史蒂芬·霍金认为，零转动黑洞休，可恒稳速度，不断辐射粒子。因为，宇宙黑洞谱线，在热辐射范围内。终归，不悖熵热定律。

况且，史蒂芬·霍金认为，可谓辐射温度，由黑洞质量决定的。如果，含质量越大。那么，对应温度越低。如果，含质量越小。那么，对应温度越高。

当然，史蒂芬·霍金相信，任何辐射粒子，不是黑洞体的。

既然，一方面坠落东西，从黑洞外，被吸噬殆尽；一方面结构部分，在黑洞中，被控缚限定。纵然，像极限运动的，光能量粒子。终归，在视界壳上，无奈徘徊运动。

所以，史蒂芬·霍金认为，应该是黑洞范围外，一些自由粒子，临视界壳边，弃黑洞运动，去遥远地方。最终，看起来黑洞辐射似的。

纵然，看起来宇宙中，一些空地方，无结构东西。然而，史蒂芬·霍金认为，含终极波伏构成的，宇宙能量场。并且，任何终极波伏的，可谓场强度，不能够等零。因为，

不确定原理，束缚终极波伏，呈现能量态。譬如，在场强度上，若精准测定。那么，在时间数上，无精准信息。譬如，在时间数上，若精准测定。那么，在场强度上，无精准信息。如果，一终极波伏，零能量场强度。那么，无论场强值，不管时间数，一概等零的。显然，导致终极波伏，不是能量态。所以，不确定原理，允许终极波伏，呈正负能量对，像夸克或光子。

史蒂芬·霍金认为，在黑洞范围外，事件视界壳边，一些空地方。纵然，无能量粒子。然而，归根结底来说，含能量场的。并且，不确定原理，允许能量场中，一切终极波伏，呈现能量态。甚至，遵循守恒定律。虽然，任何终极波伏对，一旦遭遇上，将碰撞湮灭。终归，凭借强吸引力，宇宙黑洞体，可拆散波伏对。譬如，当视界壳外的，负能量虚粒子，无法摆脱引力，穿落黑洞中，被吸噬殆尽。那么，导致视界壳外的，伴侣波伏对，正能量实粒子，被隔遗抛弃。最终，在黑洞范围外，可谓空地方，不断自由活动。或许，少数遭抛弃的，正能量实粒子，突破视界壳，去黑洞体中，寻觅负虚粒子，伴侣波伏对。当然，大多遭抛弃的，正能量实粒子，不想凤凰涅槃。反倒垂直的，临视界壳边，弃黑洞运动，去遥远地方。所以，看起来黑洞辐射似的。

甚至，史蒂芬·霍金认为，穿落黑洞的，负能量虚粒子，凭借噬湮效应，可耗损质量，导致视界面缩小。那么，对应熵数减少。然而，在视界壳外，一些空地方，对等数实粒子，凭借辐射效应，可补偿损失，平衡黑洞熵。终归，不悖熵热定律。显然，一方面虚粒子，不断消耗质量，上抬黑洞温度，导致视界面缩小。并且，一方面实粒子，凭借超高温度，上抬辐射效率，导致黑洞熵增大。所以，在循环链中，宇宙黑洞体，持续辐射和损耗的。当然，若黑洞体，含质量少。最终，无法缩胀稳定，导致辐射暴，一次性爆炸殆尽，呈辐射现象。

现在，黑洞理论认为，除原始类，大爆炸 10^4 年前，靠膨胀斥力，由弥漫雾原子，不断挤轧成的，太初黑洞外。并且，除旋转星团系，靠强吸引力，由重磅恒星类，不断碰撞成的，超级黑洞外。相信，大多数黑洞体，由质量上，应该是超 3.2 $M_日$，一些红巨恒星，在核燃烧末，无法抵抗引力，不断坍缩形成的。虽然，一些黑洞体，呈圆球形状的，零转动速度。纵然，一些黑洞体，呈腰鼓形状的，匀转动速度。然而，无论圆球或腰鼓形状。甚至，不管恒静或均旋状态。终归，看起来陀螺似的。

所以，黑洞理论认为，任何种类的，宇宙黑洞体，无搏动现象。

并且，黑洞理论认为，光运动速度，应该是最快的，宇宙极限值。然而，事件视界壳，像地狱门。穿越视界壳，

一切坠落东西，从黑洞外，被吸噬殆尽；凭借视界壳，一切结构部分，在黑洞中，被控缚限定。纵然，像极限运动的，光能量粒子。终归，在视界壳上，无奈徘徊运动。因为，在黑洞范围外，事件视界壳边，一些空地方，负能量虚粒子，无法摆脱引力，穿落黑洞中，被吸噬殆尽。最终，导致波伏对，正能量实粒子，被隔遗抛弃。当然，伴侣实粒子，不想凤凰涅槃，反倒垂直的，临视界壳边，弃黑洞运动，去遥远地方。纵然，看起来黑洞辐射似的。

所以，黑洞理论认为，任何种类的，宇宙黑洞体，无辐射现象。

甚至，黑洞理论认为，事件视界壳，呈现蔽障效应。导致黑洞信息，看起来禁闭态；无限强引力，呈现碎噬效应。导致黑洞结构，看起来混沌状。最终，定律和法规湮灭。并且，方位和始终缺失。纵然，除质量和旋速外。

所以，黑洞理论认为，任何种类的，宇宙黑洞体，不过是裸奇点。

然而，归根结底来说，无限宇宙中，可谓黑洞体，应该是微渺的。像沙漠里面，一粒黄尘；像海洋里面，一滴咸水。终归，不过是夸克和轻子，分级次构成的，子宇宙集合。

因为，无论旋速快慢，不管质量大小。最终，一切黑洞体，不是旋转的，反倒稳静态。那么，不难想象形状上，应该是圆球体样子。当然，导致黑洞体，子宇宙集合的，极限能量场状态，呈现强弱差。在圆球体核心，对应能量场最强；在圆球体缘边，对应能量场最弱。并且，从强核心，朝弱缘边，呈辐射状，持续延伸和递减的。或许，零强度区，离圆球体核心，无限遥远的。那么，在能量场强弱差影响下，一方面黑洞体，凭借能量场核心，超强辐射性，导致圆球体，呈现膨胀效应；一方面黑洞体，凭借能量场缘边，超强表张性，导致圆球体，呈现坍缩效应。显然，任何黑洞体，节律周期性，持续膨胀和坍缩的。终归，含场量二象性。譬如，像量粒性部分。纵然，无论能量多少。既然，子宇宙黑洞体集合，不过是能量点。当然，任何黑洞体，可谓极限能量 E，跟圆球体的，节律膨胀和坍缩频率 γ，正比例关系。方程 $E=h_0\gamma$，h_0 宇宙常数。譬如，像场波性部分。纵然，不管体积大小。既然，子宇宙黑洞体集合，不过是能场波。当然，任何黑洞体，可谓极限能量 E，跟圆球体的，节律膨胀和坍缩波长 λ，反比例关系。方程 $E=h_0/\lambda$，h_0 宇宙常数。

所以，任何种类的，宇宙黑洞体。终归，呈搏动现象。

当然，任何黑洞体中，包括夸克和光子，一切结构部分，不是混沌纷乱的，反倒规律秩序态。归根结底来说，在黑洞中，任何种类的，子宇宙圆球体；在黑洞中，任何种类的，子宇宙集合。始终，沿极限等能场线，无

奈徘徊运动的。如果，将黑洞体中，极限能量相等的，一切结构部分，对应等能场线集合，称黑洞体的，子宇宙轨道壳。因为，一方面极限能量，可谓相等的，下层级结构部分，在数量上，无限制多的。所以，不难想象黑洞体中，子宇宙轨道壳，应该是封闭的，一薄圆球面。因为，一方面极限能量，不是相等的，下层级结构部分，在数量上，无限制多的。所以，不难想象黑洞体中，子宇宙轨道壳，应该是裹套的，无限多圈层。显然，一切黑洞体，不过是数量上，无限制多的，下层级结构部分，对应极限等能场线球壳，从强核心，朝弱缘边，呈等圆心，分级圈裹套的。并且，任何极限等能场线球壳，不重叠或聚交。反倒绝对的，平行或散隔样子。甚至，任何结构部分，若极限能量越强。那么，离黑洞体核心，应该是越近的。终归，对应等能场线球壳的，半径和体积越小。反倒等能场线条，对应弧曲越大；任何结构部分，若极限能量越弱。那么，离黑洞体核心，应该是越远的。终归，对应等能场线球壳的，半径和体积越大。反倒等能场线条，对应弧曲越小。

显然，光能量粒子，无奈徘徊运动的，事件视界面。归根结底来说，不过是黑洞体，无限多数量的，等能场线空球壳中，一普通圈层。譬如，一些结构粒子，若极限能量强。那么，比较光粒子，可谓快运动速度。终归，离黑洞核近。在锥形体的，事件视界内。当然，对应极限等能场线空球壳的，半径和体积小，反倒弧曲大。譬如，一些结构粒子，若极限能量弱。那么，比较光粒子，可谓慢运动速度。终归，离黑洞核远。在锥形体的，事件视界外。当然，对应极限等能场线空球壳的，半径和体积大，反倒弧曲小。所以，光运动速度，不是宇宙极限值；光事件视界，不是黑洞终极边。

因为，任何黑洞体，呈现能量态。那么，当黑洞体，一次性吸噬或辐射能量时，对应结构粒子，呈激活状态。最终，在等能场线空球壳间，导致跃迁活动。当然，包括黑洞核心，一些结构粒子，朝锥形体的，事件视界外，呈跃迁现象。并且，包括黑洞缘边，一些结构粒子，朝锥形体的，事件视界内，呈跃迁现象。

所以，任何种类的，宇宙黑洞体。终归，呈辐射现象。

既然，一切黑洞体，不过是微渺的，宇宙结构部分。终归，无限多数量，子宇宙构成的。

当然，含宇宙属性。并且，遵宇宙定律。甚至，呈宇宙现象。

譬如，在黑洞中，任何种类的，子宇宙圆球体。甚至，在黑洞中，任何种类的，子宇宙集合。终归，含场量二象性。显然，像量粒性部分。既然，任何种类的，子宇宙圆球体或集合，不过是能量点。当然，可谓极限能量

E，跟圆球体的，节律膨胀和塌缩频率 γ，正比例关系。方程 $E=h_0\gamma$，h_0 宇宙常数。显然，像场波性部分。既然，任何种类的，子宇宙圆球体或集合，不过是能场波。当然，可谓极限能量 E，跟圆球体的，节律膨胀和塌缩波长 λ，反比例关系。方程 $E=h_0/\lambda$，h_0 宇宙常数。

并且，遵循宇宙定律。

既然，除额外功效应，导致跃迁现象。除势动能演化，导致螺旋加速。终归，在黑洞中，任何种类的，子宇宙圆球体。甚至，在黑洞中，任何种类的，子宇宙集合。始终，对应空球壳上，沿极限等能场线，无奈徘徊运动的。

所以，呈宇宙现象。

虽然，经典黑洞理论认为，牛顿吸引力，无限制强的。终归，束控极限运动的，光能量粒子。在视界壳上，无奈徘徊运动。然而，归根结底来说，宇宙黑洞中，无相互作用力。那么，像视界壳上，光徘徊运动。显然，不过是黑洞中，任何种类的，子宇宙圆球体。甚至，不过是黑洞中，任何种类的，子宇宙集合。因为，遵循宇宙定律。始终，对应空球壳上，沿极限等能场线运动。最终，呈运动现象。

譬如，在黑洞中，任何种类的，子宇宙圆球体。甚至，在黑洞中，任何种类的，子宇宙集合。终归，含时空二象性。那么，像时间性部分。既然，任何种类的，子宇宙圆球体或集合。始终，沿极限等能场线移动。当然，呈轴线形，从过去、经现在、朝将来，一概流逝的。显然，除时间速度快慢外，不倒逾和停止。那么，像空间性部分。既然，任何种类的，子宇宙圆球体或集合。始终，沿极限等能场线波动。当然，呈辐射状，从中心、经四面、朝八方，一概波动的。显然，除空间尺度长短外，无乾坤和维系。

并且，遵循宇宙定律。

显然，任何种类的，子宇宙圆球体。甚至，任何种类的，子宇宙集合。终归，极限能量 E，跟时间速度，整 1 次方，正比例关系；跟空间尺度，根 3 次方，反比例关系。

所以，呈宇宙现象。

虽然，经典黑洞理论认为，牛顿吸引力，无限制强的。显然，支解黑洞中，一切结构部分；吞噬黑洞外，一切坠落东西。最终，导致黑洞中，方位和始终缺失。然而，归根结底来说，宇宙黑洞中，含时空属性的。终归，比较光能量子，一些结构部分，若极限能量越强。那么，离黑洞核越近。在锥形体的，事件视界内。当然，呈时间快现象。并且，呈空间远现象。终归，比较光能量子，一些结构部分，若极限能量越弱。那么，离黑洞核越远。在锥形体的，事件视界外。当然，呈时间慢现象。并且，呈空间近现象。

显然，任何黑洞体，可搏动和辐射的。并且，呈运

动现象。甚至，呈时空现象。

　　归根结底来说，任何种类的，宇宙黑洞体。终归，不是裸奇点。

11、相对论

　　艾撒克·牛顿认为，天穹繁星点，不过是遥远的，大质量恒星类。终归，太阳体似的。显然，无论质量大小，不管距离远近。如果，不像地球似的，太阳轨道线上，持续椭圆运动。那么，可能苹果似的，地球轨道线上，加速落体运动。所以，艾撒克·牛顿相信，受制吸引力，少数恒星体，可靠拢趋近的。最终，零距离碰撞混合。

　　1691 年，艾撒克·牛顿爵士，创绝对静态的，宇宙模型理论。

　　如果，在苍穹里面，若恒星体，一定数量的。并且，局限宇宙中，分布密集的。那么，不难想象恒星体，持续趋拢的。最终，零距离碰撞混合。

　　如果，在苍穹里面，若恒星体，无穷数量的。并且，

无限宇宙中，分布均匀的。那么，不难想象恒星体，持续稳定的。最终，长距离弥漫隔绝。

既然，千万年来，除苹果熟落外。可谓苍穹壳，未破裂塌陷；可谓繁星体，无破碎陨失。

所以，艾撒克·牛顿相信，受制吸引力，宇宙绝对静态。并且，无限和均匀的。

甚至，艾撒克·牛顿认为，任何恒星体间，可谓吸引力，由距离决定的。纵然，无限远范围内。

归根结底来说，当恒星体，一旦位移时。那么，伴侣恒星的，对应吸引力，可瞬息的，呈现增减改变。

显然，艾撒克·牛顿爵士，允许宇宙中，无限快速度，传递吸引力。

1865 年，科学家麦克斯韦，创电磁场理论。像涟漪湖水。若电磁场，呈周期性，交替电磁改变。最终，一定运动速度，传递电磁波。

并且，麦克斯韦预言，光运动形式，应该是电磁波。

1888 年，物理学家赫兹，在线圈感应中，观测电磁波速度，光运动相当，$c=3.00 \times 10^8$ 米 / 秒。

甚至，物理学家赫兹，观测电磁波，呈衍射现象。显然，光波运动似的。

物理学家莫雷，发现地球上，光电磁波速度，一概相等的。纵然，光垂直运动时。当然，无论地球旋转，不管波源运动。

　　甚至，爱因斯坦认为，当运动速度，光电磁波快时，导致质量上，无限制增多的。显然，光运动速度，宇宙极限值。

　　所以，爱因斯坦相信，在宇宙中，不超过最快的，光电磁波速度，传递吸引力。

　　1905 年，依据伽利略的，相对性原理；凭借麦克斯韦的，光速极限性。物理学家爱因斯坦，创狭义相对论。在宇宙中，包括时空部分，一概相对的；包括恒星部分，一概运动的。甚至，任何惯性系，宇宙法规和现象，由运动决定，呈现相对性。终归，爱因斯坦相信，任何惯性系，牛顿经典法规，可谓等价的；任何惯性系，光电磁波速度，可谓极限值。

　　譬如，力学观部分。艾撒克·牛顿认为，包括恒星体，在质量上，应该是恒数值，跟运动状态，无影响联系。然而，爱因斯坦认为，可谓运动快慢，导致质量增减。显然，当运动速度，光电磁波快时，不难想象质量数，无限制多的。最终，反倒是运动速度，被拖碍限定。因为，无限重东西，靠超强能量，反推驱动力。终归，爱因斯坦相信，光运动速度，宇宙极限值。所以，传递吸引力，不超过最快的，光电磁波速度。

　　譬如，时空观部分。艾撒克·牛顿认为，任何时空

下
篇

象，在宇宙中，应该是绝对的，跟运动状态，无影响联系。像时间部分，包括过去、现在、将来。显然，呈直线形态，匀速流逝的；像空间部分，包括东西、南北、上下。显然，呈立体形态，匀等延伸的。并且，任何时空象，一概是独立的。甚至，无论运动或静止，任何时间速度，一概是相等的；不管运动或静止，任何空间尺度，一概是相等的。然而，爱因斯坦认为，任何时空象，在宇宙中，应该是相对的，受运动状态，直接影响联系。显然，像运动时间膨胀。甚至，像运动空间缩短。

一方面来说，爱因斯坦认为，传递吸引力，不超过最快的，光电磁波速度；一方面来说，爱因斯坦相信，在宇宙中，可远距离上，传递吸引力。纵然，无限远范围内。

显然，不像经典的，牛顿理论观点，允许宇宙中，无限远地方，可瞬息的，传递吸引力。

因为，归根结底来说，可谓狭义相对论，由惯性参照系，包括相对静止、匀速直线运动决定的。然而，牛顿吸引力，由非惯性系，加速运动决定的。譬如，像熟苹果，$g=9.8$ 米 / 秒 ^{2} 加速度，自由落体运动。

20 世纪初，物理学家厄缶，凭借扭秤法，发现惯性效应，跟重能引力，在质量上，应该是相等的。

最终，爱因斯坦相信，非惯性的，加速坐标系，无论惯性效应，不管重能引力，一概是等效的。譬如，飞船航器体，a=9.8 米 / 秒^2 加速度，太空直线运动时。宇航地球人，受制惯性力，反 a 加速度的。终归，像地球吸引下，g=9.8 米 / 秒^2 加速度，自由落体运动似的。

所以，爱因斯坦认为，匀加速参照系，跟均重能场，一概等效的。

甚至，爱因斯坦认为，任何坐标系，宇宙规律和属性，一概协变的。

1915 年，依据等效原理，凭借协变属性。物理学家爱因斯坦，创广义相对论。归根结底来说，爱因斯坦认为，任何参照系，宇宙定律和现象，一概是等协的。

譬如，力场观部分。爱因斯坦认为，长远程吸引力，不过是时空弯曲造成的。因为，时空四维体，呈现塌陷扭曲样子。最终，导致吸引力，光运动速度，传递能场波。像水星体，沿椭圆轨道，绕太阳转动。终归，应该是时空四维体中，沿测地线运动。并且，水星近日点，呈岁差现象。

譬如，时空观部分。爱因斯坦认为，可谓过去、现在、将来，1 维线时间；可谓东西、南北、上下，3 维体空间。最终，呈时空四维体。甚至，爱因斯坦相信，在宇宙中，分布能质量，不是均匀的。所以，导致时空四维体，呈塌陷弯曲状态。一些能场弱地方，时空塌曲小；一些能

场强地方，时空塌曲大。跟橡皮毯上，置搁铅球样。如果，铅球质量轻。那么，导致橡皮毯，看起来陷曲度小。如果，铅球质量重。那么，导致橡皮毯，看起来陷曲度大。爱因斯坦认为，时空四维体中，包括光粒子，一切能量点，沿测地线运动。轻质量的，对应直轨迹；重质量的，对应弯轨迹。像日蚀时，太阳环缘边，光线偏折的。

譬如，宇宙观部分。爱因斯坦认为，宇宙封闭静态的，像圆球体模样。虽然，在体积上，可能确定的。然而，在缘边上，无穷际界的。

显然，归根结底来说，爱因斯坦相对论，不过是近似的，宇宙模型观念。因为，在相对论中，无终极的，子宇宙圆球体影迹。虽然，爱因斯坦认为，任何参照系，宇宙规律和现象，一概等协的。然而，不是终极的，子宇宙圆球体或集合，对应极限能量 E 角度，遵循宇宙定律。并且，不是终极的，子宇宙圆球体或集合，对应极限能量场角度，反映宇宙现象。

譬如，力场观部分。

像运动质量大小。爱因斯坦认为，可谓运动快慢，导致质量增减。当运动速度，光电磁波快时，导致质量数，无限制多的。显然，爱因斯坦认为，一切运动质量点，光速限定的，方程 $E=mc^2$。然而，归根结底来说，任何运动质量大小，由加速度决定的。既然，在惯性静止、匀速运动中。因为，零加速度的。当然，无质量增减改变。终归，跟氢核中，外层负电子，沿极限等能场线运动似的。既然，在非惯性的，加速坐标系。因为，势动能演化。当然，呈质量增减改变。终归，跟地球上，牛顿熟苹果，沿螺旋轨道落体运动似的。

像光电磁波速度。爱因斯坦认为，任何坐标系，光运动速度，宇宙极限值，$C=3.00 \times 10^8$ 米／秒。虽然，爱因斯坦认为，一切质量点，无论运动快慢，不超过光速度。然而，归根结底来说，任何运动速度大小，由极限能量 E 决定的。如果，一些运动粒子，若极限能量强。那么，比较光粒子，对应运动快。如果，一些运动粒子，若极限能量弱。那么，比较光粒子，对应运动慢。显然，在宇宙中，任何运动粒子，呈质能关系，方程 $E=h_0mV^2$。并且，h_0 宇宙常数。既然，允许 $V \leq C$。当然，可能 $V \geq C$。或许，不妨想象黑洞中。因为，一些结构粒子，对应极限能量强。当然，比较光粒子，可谓运动快速度。终归，离黑洞核近。在锥形体的，事件视界内。因为，一些结构粒子，对应极限能量弱。当然，比较光粒子，可谓运动慢速度。终归，离黑洞核远。在锥形体的，事件视界外。所以，光运动速度，不是宇宙极限值。

像远距离吸引力。爱因斯坦认为，时空四维体，呈塌陷扭曲样子。导致吸引力，光运动速度，传递能场波。

显然，爱因斯坦认为，长远程吸引力，应该是时空弯曲造成的。然而，归根结底来说，在宇宙中，无相互作用力。那么，看起来星体间，呈现吸引效应。终归，子宇宙圆球体或集合，沿极限等能场线运动。当然，包括地球体，沿椭圆轨道，太阳圈层上，不断周期运动。甚至，凭借额外功，势动能演化，子宇宙圆球体或集合，沿螺旋轨道，穿越等能场线。包括熟苹果，$g=9.8$ 米 / 秒 ^{2} 加速度，自由落体运动。

譬如，时空观部分。

像运动时间膨胀。爱因斯坦认为，可谓运动时间，应该是减慢的。如果，一惯性系，包括机车和频率钟。那么，在机车上，当随意地点，呈现两事件时。假设，相对机车静止的，惯性频率钟，记录时间 τ。然而，在地面上，观测机车 V 速度运动的。所以，不难想象随意点，已朝运动远方，一定距离移位。显然，地面频率钟，记录时间 t 大，可谓 $t > \tau$。从地面角度，看起来机车的，运动时间慢。并且，爱因斯坦相信，任何运动时间膨胀效应，不过是相对的。因为，在机车上，观测铁道站台，反 V 速度运动的。当然，从机车角度，看起来地面的，运动时间慢。既然，在运动时间膨胀中，子宇宙圆球体和集合，无极限能量增减改变。那么，依据时空定律知道，可谓相对论的，运动时间膨胀。终归，不算异常时空现象。

归根结底来说，不过是运动假象。况且，呈现相对性。

　　像运动距离缩短。爱因斯坦认为，可谓运动距离，应该是缩短的。如果，一惯性系，包括机车和钢杆尺。那么，在机车上，沿运动远方，置搁钢杆尺时。假设，相对机车静止的，惯性钢杆尺，记录距离 L。然而，在地面上，观测机车 V 速度运动的。所以，不难想象钢杆尺，已朝运动远方，一定距离移位。显然，地面钢杆尺，记录距离£小，可谓£< L。从地面角度，看起来机车的，运动距离短。并且，爱因斯坦相信，任何运动距离缩短效应，不过是相对的。因为，在机车上，观测铁道站台，反 V 速度运动的。当然，从机车角度，看起来地面的，运动距离短。既然，在运动距离缩短中，子宇宙圆球体和集合，无极限能量增减改变。那么，依据时空定律知道，可谓相对论的，运动距离缩短。终归，不算异常时空现象。归根结底来说，不过是运动假象。况且，呈现相对性。

　　像时空四维体系。爱因斯坦认为，可谓过去、现在、将来，1 维线时间；可谓东西、南北、上下，3 维体空间。最终，呈时空四维体。甚至，爱因斯坦相信，在宇宙中，分布能质量，不是均匀的。所以，导致时空四维体，呈塌陷弯曲状态。一些能场弱地方，时空塌曲小；一些能场强地方，时空塌曲大。爱因斯坦认为，光线偏折现象，反映时空弯曲效应。因为，时空四维体中，包括光粒子，

一切能量点，沿测地线运动。轻质量的，对应直轨迹；重质量的，对应弯轨迹。爱因斯坦预言，太阳环缘边，一路运动时，光线偏折 1.74 弧秒。1919 年 5 月 29 日，A·E·爱丁顿博士，在西非几内亚湾，对日食背景拍照时，发现太阳附近，光线弯曲的，大概偏折 1.63 弧秒；1919 年 5 月 29 日，F·戴森爵士，在巴西索博拉尔，对日食背景拍照时，发现太阳附近，光线弯曲的，大概偏折 1.98 弧秒。

然而，归根结底来说，时空，不过是宇宙属性。

因为，任何种类的，子宇宙圆球体；任何种类的，子宇宙集合。终归，含时空二象性。

譬如，像时间性部分。既然，任何种类的，子宇宙圆球体；任何种类的，子宇宙集合。始终，沿极限等能场线移动的。终归，在时间属性上，呈轴线形，从过去、经现在、朝将来，一概流逝的。显然，呈现运动中，一种顺序和连续性。当然，应该是时间属性。并且，除时间速度快慢外，不倒逾和停止。

譬如，像空间性部分。既然，任何种类的，子宇宙圆球体；任何种类的，子宇宙集合。始终，沿极限等能场线波动的。终归，在空间属性上，呈辐射状，从核心、经四面、朝八方，一概拓延的。显然，呈现运动中，一种拓阔和延伸性。当然，应该是空间属性。并且，除空间尺度短长外，无乾坤和维度。

所以，在宇宙中，无线形的，1维时间概念。并且，在宇宙中，无立体的，3维空间概念。当然，无时空四维体系。

既然，对时空来说，不过是宇宙属性。当然，无时空维体弯曲效应。

那么，宇宙弯曲现象。归根结底来说，不过是多种类的，子宇宙圆球体。甚至，不过是多种类的，子宇宙集合。始终，遵循宇宙定律，沿极限等能场线运动造成的。

因为，任何种类的，子宇宙集合。可谓能量场状态，呈现强弱差。在圆球体核心，对应能量场最强；在圆球体缘边，对应能量场最弱。并且，从强核心，朝弱缘边，呈辐射状，持续延伸和递减的。或许，零强度区，离圆球体核心，无限遥远的。

甚至，任何种类的，子宇宙集合。因为，一方面极限能量，可谓相等的，下层级结构部分，在数量上，无限制多的。所以，对应极限等能场线集合，不难想象封闭的，一薄球面壳。因为，一方面极限能量，不是相等的，下层级结构部分，在数量上，无限制多的。所以，对应极限等能场线球壳，不难想象裹套的，无限多圈层。

显然，任何种类的，子宇宙集合。归根结底来说，不过是数量上，无限制多的，下层级结构部分，对应极

下篇

限等能场线球壳，从强核心，朝弱缘边，呈等圆心，分级圈裹套的。并且，子宇宙集合中，任何极限等能场线球壳，不重叠或聚交。反倒绝对的，平行或散隔样子。甚至，任何结构部分，若极限能量越强。那么，离圆球体核心，应该是越近的。当然，对应等能场线球壳的，半径和体积越小。虽然，反倒等能场线条，对应弧曲越大；任何结构部分，若极限能量越弱。那么，离圆球体核心，应该是越远的。当然，对应等能场线球壳的，半径和体积越大。虽然，反倒等能场线条，对应弧曲越小。

譬如，像太阳系。终归，包括水星、金星、地球、火星、木星、土星、天王星和海王星。始终，对应等能场线球壳上，无奈徘徊运动。显然，可谓太阳系，从能量场强核心，呈辐射状，朝能量场弱缘边，由地球体类，一切结构部分，对应等能场线球壳，分级圈裹套的。当然，任何等能场线球壳，不重叠触交，反倒散隔样子。因为，像水星体，含极限能量强。所以，离太阳近。虽然，导致等能场线球壳的，半径和体积小。然而，反倒等能场线条，对应弧曲大。因为，像海王星，含极限能量弱。所以，离太阳远。虽然，导致等能场线球壳的，半径和体积大。然而，反倒等能场线条，对应弧曲小。

显然，太阳环缘边，观测光粒子，沿弧轨迹运动。归根结底来说，不过是光粒子，遵循宇宙定律，沿极限

223

等能场线运动。

譬如，宇宙观部分。

爱因斯坦认为，宇宙静态的，不过是封闭球体，大概直径 70 亿光年。终归，由地球、太阳、银河、上千亿星系，分层级构成的。虽然，在体积上，可能确定的。然而，在缘边上，无穷际界的。

宇宙，在封闭球体模型中，应该是限定、无界和静止的。

爱因斯坦相信，长远程吸引力，可塌缩星系，导致运动结束，零时空奇点。所以，在相对论中，拿宇宙常数，当强排斥力，平衡吸引效应。

然而，天文学家哈勃，发现银河系，不断膨胀的。

甚至，伽莫夫认为，可谓总星系，137 亿年前，零时空奇点，大爆炸初始，持续膨胀和降温演变的。

显然，爱因斯坦模型，像总星系。终归，含地球、太阳和银河的，大爆炸宇宙。所以，不过是宇宙的，一级结构部分。

归根结底来说，宇宙，含数量上，无限制多的，零时空奇点、不规则混状、大爆炸宇宙、大静态宇宙、大塌缩宇宙。

相信，一些宇宙地方，应该是膨胀的；一些宇宙地方，应该是静态的；一些宇宙地方，应该是塌缩的；一些宇

下
篇

宙地方，像黑洞似的。或许，零时空奇点；一些宇宙地方，像浮云似的。或许，不规则混状。

显然，任何位置上，宇宙结构部分，一概是均匀的。并且，任何朝线上，宇宙结构部分，一概是等性的。甚至，任何钟点上，宇宙结构部分，一概是均等的。

宇宙，无限、均匀和等性的。

或许，不过是 $E=h_0\gamma$，h_0 宇宙常数。

12、量粒论

1900 年，科学家普朗克，创量粒理论。因为，观测黑体辐射中，任何谐振子，可谓能量状态，不是连续的。所以，普朗克认为，导致黑体辐射东西，不过是孤立的，一份能量粒子。像雨滴点。并且，若辐射粒子，含极限频率 γ。那么，一份黑体辐射能量大小，应该是 γ 整倍数。方程 $E=h\gamma$，h 普朗克常量。

譬如，像光电效应。一锃亮锌板，连接验电器时。因为，在锌板中，正负电荷相当。显然，呈电荷中性的。所以，验电器指针，一直闭合状态。然而，拿碳弧灯光，去照射锌板时。发现验电器指针，呈锐角张开。像剪刀似的。看起来光照作用下，导致锌板带电性。分析是金属上，少数负电子，一次性吸收，光电磁波能量。那么，当负

下篇

电子，动能量增高时，可摆脱锌板限定，不断逃逸离去。最终，金属锌板中，余剩正电荷，凭借排斥力，分拔验电器指针。并且，金属板锌原子，含极限频率。如果，当碳弧灯光，比锌极限频率小。那么，不管照射短长。终归，无光电效应。如果，当碳弧灯光，比锌极限频率大。那么，不管照射强弱。终归，呈光电效应。甚至，观测光电子，可谓初始动能大小，跟碳弧灯光，对应极限频率，正比例关系。

1905 年，依据量粒论，爱因斯坦认为，光电磁波能量，不是连续的。所以，传递电磁波，应该是孤立的，一份能量粒子。譬如，一米暖阳光，看起来线形的。然而，不过是光粒子，一定数排串。并且，爱因斯坦相信，一份光粒子，可谓能量多少，跟极限频率，正比例关系。方程 $E=h\gamma$，h 普朗克常量。

1909 年，物理学家欧雷斯特·卢瑟福，在散射效应中，发现钋元素束，去轰撞金箔时，大多数 a 粒子，穿越厚箔片，沿直线路径，可持续运动的。然而，少数路径偏转角度，可谓 180° 样子。看起来枪弹似的，若碰撞埃尘上，子弹路径轨迹，无偏移改变；若碰撞岩石上，子弹路径轨迹，可折返弹回。所以，欧雷斯特·卢瑟福认为，一切微原子，可能结构部分，不是均匀的。或许，在最核心的，局部范围上，质量多，体积小。像硬石头，反弹 a 粒子，导致散射现象。

虽然，依据约瑟夫·汤姆生，枣糕模型知道，一方面负电子，少数目，轻质量。如果，看起来 a 粒子，像枪炮似的。那么，轻质量负电子，不过是埃尘；一方面正电荷，分布均匀的。显然，可抵消斥力。所以，无论轻质量电子。纵然，正电荷阻力。终归，枣糕模型中，无法散射 a 粒子。

1911 年，物理学家欧雷斯特·卢瑟福，创核结构模型。卢瑟福认为，任何微原子，包括核结构部分，跟外层负电子。卢瑟福相信，任何微原子，应该是虚空的。像太阳系。中央核结构部分，看起来体积小，不过密度大。占微粒原子，大概 99.96% 质量。并且，含微粒原子，一切正电荷。跟太阳似的；外层负电子，在圆圈轨道上，绕核结构运动。跟行星似的。物理学家欧雷斯特·卢瑟福，依据 a 散射数值，推测微原子，可能半径 10^{-10} 米。虽然，反倒核结构径长，可能 10^{-14} 米大小。显然，看起来微原子，大多数地方，不过是空的。所以，元素钋射线，去轰撞金箔时。如果，离核结构远。纵然，击撞负电子。然而，子弹碰撞埃尘。终归，无路径偏移改变。如果，离核结构近。因为，强库仑斥力。终归，子弹碰撞岩石。当然，呈路径偏移改变。甚至，直接碰撞核结构时，导致 a 粒子，返弹 180° 角。虽然，可能概率小。

物理学家欧雷斯特·卢瑟福认为，一方面库仑力，导致负电子，被核结构限定，将吸噬陨落。当然，除负电子，呈加速度，绕核运动外。然而，任何负电子，若加速度的，将辐射电磁波，导致能量消耗减少。最终，对应轨道径长，持续缩短减小。显然，不难想象负电子，沿螺旋轨道线，朝核结构地方，持续漩落湮灭。卫星坠毁似的；一方面负电子，可谓辐射频率，跟轨道圈上，绕核运动数相当。并且，由轨径决定的。如果，外层负电子，沿螺旋线运动。那么，对应轨道径长，持续缩短减小。最终，导致辐射频率，不断快速改变。显然，不难想象微原子，光谱线连续的。所以，欧雷斯特·卢瑟福模型，允许微原子，不是稳定的。譬如，无论轨道径长，不管辐射谱线，可连续性改变。

1913 年，丹麦物理学家，尼洱斯·波尔认为，可谓微原子，一切能量状态，应该是孤立的，不连续性特点。尼洱斯·波尔相信，可谓微原子，任何能级状态，应该是稳定的，不辐射或吸收能量。并且，一切负电子，对应能级轨道上，呈加速度，绕核运动的。显然，不是螺旋形，朝核结构地方，持续漩落湮灭。因为，任何负电子，对应轨道径长，由能量层级决定的，大概是 $h/2\pi$ 整数倍。甚至，允许能级间，呈跃迁现象。不管辐射或吸收能量子，方程 $h\gamma = E_1 - E_2$。所以，尼洱斯·波尔认为，除放射性元素，可核衰变外。大多数微原子，应该是稳态的。像负电子，不是螺旋运动；像光谱线，不是连续亮系。

譬如，像氢原子。可谓最简单的，除核结构外，一负电子。尼洱斯·波尔认为，任何氢原子，不连续能量状态，尊循 $E_n=E_1/n^2$ 公式。并且，任何负电子，不随意轨道径长，尊循 $R_n=n^2R_1$ 公式。尼洱斯·波尔认为，一般状态下，可谓氢原子，呈最弱能量级态，大概是 $E_1=-13.6ev$。对应负电子，离核结构近，呈最短轨道径长，大概 $R_1=0.53×10^{-10}$ 米。既然，任何氢原子，一次性辐射或吸收能量多少，由 $h\gamma=E_1-E_2$ 决定的。那么，一方面负电子，在能级激态间，对应跃迁时，穿越轨道线，不是螺旋形的；一方面氢原子，可谓辐射或吸收能量状态，应该是孤立的，一光能量子。所以，光谱线上，不连续亮系。像负电子，从 n=2、3、4 能级，朝 n=1 轨道跃迁时，呈莱曼谱系；当负电子，从 n=3、4、5 能级，朝 n=2 轨道跃迁时，呈芭洱莫谱系；当负电子，从 n=4、5、6 能级，朝 n=3 轨道跃迁时，呈帕沁谱系；当负电子，从 n=5、6、7 能级，朝 n=4 轨道跃迁时，呈栭腊恺谱系。

1914 年，物理学家弗阑克，凭借负电子，穿越汞蒸气，在核碰撞中，观测能量损失。当负电子，初始动能时，发现损耗小。因为，比较负电子，在质量部分。可谓汞原子，上百倍重的。那么，看起来篮球，去撞墙壁似的。当然，可谓汞原子，吸收能量少。所以，导致负电子，低动能损失。

下

篇

然而，当负电子，在动能上，若超 5ev 时。并且，比 6.7ev 小。那么，观测损耗量，一概是 4.9ev；当负电子，在动能上，若超 7ev 时。并且，比 10.4ev 小。那么，观测损耗量，一概是 6.7ev。甚至，当负电子，在动能上，若超 11ev 时。那么，观测损耗量，一概是 10.4ev。显然，任何汞原子，可谓能量状态，不是连续性的。当然，光谱线上，对应孤立的，不连续亮系。譬如，当汞原子，一次性吸收能量，大概 4.9ev 时。那么，一方面负电子，在能级间，可跃迁运动；一方面辐射光子，含能量 4.9ev。并且，光谱线波长，大概 2.5×10^{-7} 米。最终，物理学家弗阑克相信，一切微原子，应该是稳定的，无坠落塌缩现象。显然，一切微原子，可谓能量状态，不是连续的。

终归，任何黑体原子，应该是稳定的，无坠落坍缩现象。并且，任何黑体原子，可谓能量状态，不是连续的。所以，当黑体原子，一次性辐射或吸收能量时，可致跃迁现象。甚至，光谱线上，对应孤立的，不连续亮系。显然，若辐射或吸收的，一份能量子，含极限频率 γ。那么，可谓极限能量 E，应该是 γ 整数倍。方程 $E=h\gamma$，h 普朗克常量。

既然，任何源能光，含波粒二象性。譬如，反射现象、光电效应，呈现微粒性。譬如，干涉现象、衍射效应，呈现波动性。

231

1924 年，法国物理学家，路易·德布罗意认为，一切运动微量子，含波粒二象性。显然，德布罗意相信，一质量 m 和速度 V 粒子，可谓极限波长 λ，应该是普朗克常量 h，除动能 mV 值。方程 $\lambda = h/mV$。譬如，像自由电子，若 10^7 米 / 秒速度。那么，推测极限波长，跟伦琴射线相当。

1926 年，美国物理学家戴维森，发现束电子，穿越铝箔时，导致衍射现象。在泊松斑外，呈亮暗圆环纹，像伦琴射线造成的。并且，物理学家戴维森，发现晶体点阵中，可衍射波动的。显然，除自由电子。甚至，包括质子、中子、原子、分子。

然而，干涉双缝中。若照射光，时间短，强度小。那么，穿越狭缝时，观测是孤立的，一份能量子。所以，击射照相影迹，呈混乱亮点；若照射光，时间长，强度大。那么，穿越狭缝时，观测是排串的，一束亮线系。所以，击射照相影迹，呈干涉线纹。

显然，一份德布罗意粒子，单独运动效应，呈现微粒性。终归，一束德布罗意粒子，大量运动效应，呈现波动性。

既然，一方面光粒子，单独运动时，呈现随机性；一方面光粒子，大量运动时，呈现规律性。譬如，干涉双缝现象。一份光粒子，允许运动地方，应该是随意的；

一束光粒子，允许运动地方，应该是限定的。因为，干涉暗纹区，观测光粒子，可谓数量少；干涉亮纹区，观测光粒子，可谓数量多。所以，爱因斯坦认为，光波振幅大小，不过是云密度多少。归根结底来说，大量光粒子，可谓运动地方，呈概率性的。

甚至，像氢原子。除核结构外，一负电荷粒子。或许，允许负电子，可自由运动地方，应该是随意的。然而，一方面负电子，离核结构越近。纵然，云雾浓度大。不过轨道壳的，对应球面积小。当然，含负电子，对应数量少；一方面负电子，离核结构越远。纵然，壳球面积大。不过弥漫状的，对应雾浓度小。当然，含负电子，对应数量少。最终，从云雾密度上，发现负电子，比例数最多的，不过是波尔氢原子，对应极限能态，一薄球壳上，半径 $r=0.53 \times 10^{-10}$ 米。显然，波尔氢原子，可谓极限能态，对应轨道球壳。终归，不过是负电子，允许运动概率，可能最高的，一局限地方。

既然，任何氢原子，含波粒二象性。那么，像太阳系。外层负电子，绕核结构运动。当然，不妨想象负电子，沿极限轨道波动。所以，量粒论认为，一定轨道球壳的，对应圆周长，跟外层负电子，绕核结构运动时，极限波幅整数倍相当。因为，一圈循环原点，应该是整数电子。

显然，外层负电子，绕核结构波动，不是随意的。或许，呈现运动概率。终归，可谓轨道数多少，不过是限定的；可谓波振幅短长，不过是确定的。归根结底来说，应该是氢原子，不连续能级决定的。

1926 年，德国物理学家，威纳·海森堡认为，可谓德布罗意粒子，遵循能量态，不确定性原理。譬如，预测德布罗意粒子，一些将来信息，无论轨道位置，不管运动速度。当然，应该确定的，可能是初始状态。像轨道位置部分。因为，光照射时，可谓德布罗意粒子，将散射损失，一些光能量。最终，在散射地方，呈现德布罗意粒子，初始轨道位置。不过散射现象，应该是波峰幅度，比德布罗意粒子，一直径数小。并且，不能随意的，无限制短小。或许，大概终极限度，应该是光量子，一整倍数波长。那么，不难想象光子，若能量越大，导致散射现象，对应德布罗意粒子，在轨道位置上，观测精准性越高。然而，若吸收动能越多。那么，不难想象德布罗意粒子，在运动速度上，干扰影响越大。所以，观测运动速度，可谓精准性越低。显然，一切德布罗意粒子，若轨道位置上，观测精准性越高。那么，在运动速度上，不确定性越强。并且，一切德布罗意粒子，若运动速度上，观测精准性越高。那么，在轨道位置上，不确定性越强。

显然，依据量粒论知道，一切黑体部分，应该是稳

下

篇

234

定的，无坠落塌缩现象。并且，可谓能量状态，不是连续的。所以，一次性辐射或吸收能量时，导致跃迁现象。甚至，光谱线上，对应孤立的，不连续亮系。

量粒论认为，若辐射或吸收的，一份能量子，含极限频率 γ。那么，可谓极限能量 E，应该是 γ 整数倍。方程 $E=h\gamma$，h 普朗克常量。

终归，量粒论认为，任何黑体部分，在运动中，呈现波粒二象性。譬如，像德布罗意粒子。单独活动时，呈现微粒随机性；大量运移时，呈现波动概率性。

当然，在量粒论中，允许黑体部分，包括德布罗意粒子，遵循能量态的，不确定性原理。

然而，包括德布罗意粒子。譬如，像中子、质子、电子。甚至，像原子、分子、光子。归根结底来说，一切黑体部分，不过是结构上，比禁闭夸克类，可谓层级高的，子宇宙圆球体或集合。

所以，呈现宇宙属性。

譬如，任何黑体部分，含场量二象性。

纵然，无论能量多少。终归，子宇宙黑体部分，呈现能量场。那么，不难想象能量场状态，呈现强弱差。在圆球体核心，可谓能量场最强；在圆球体缘边，可谓能量场最弱。并且，从强核心，朝弱缘边，呈辐射状，持续延伸和递减的。最终，在能量场强弱差影响下，子宇宙黑体部分，一方面能量场核心，凭借强辐射性，导致圆球体，呈现膨胀效应；一方面能量场缘边，凭借强表张性，导致圆球体，呈现塌缩效应。所以，子宇宙黑体部分，节律周期性，持续膨胀和塌缩的。

当然，一方面来说，无论能量多少。终归，子宇宙黑体部分，不过是能量微粒。那么，不难想象圆球体的，节律膨胀和塌缩速度，由极限能量 E 决定的。归根结底来说，子宇宙黑体部分，若极限能量越强。导致圆球体的，节律膨胀和塌缩频率，应该是越快。并且，子宇宙黑体部分，若极限能量越弱。导致圆球体的，节律膨胀和塌缩频率，应该是越慢。显然，子宇宙黑体部分，对应极限能量 E，跟圆球体的，节律膨胀和塌缩频率 γ，正比例关系。方程 $E=h_0\gamma$，h_0 宇宙常数。所以，子宇宙黑体部分，含能量微粒属性。始终，一份膨胀和塌缩能量子。

当然，一方面来说，无论体积大小。终归，子宇宙黑体部分，不过是能量场波。那么，不难想象圆球体的，节律膨胀和塌缩幅度，由极限能量 E 决定的。归根结底来说，子宇宙黑体部分，若极限能量越强。导致圆球体的，节律膨胀和塌缩波长，应该是越窄。并且，子宇宙黑体部分，若极限能量越弱。导致圆球体的，节律膨胀和塌缩波长，应该是越宽。显然，子宇宙黑体部分，对应极限能量 E，跟圆球体的，节律膨胀和塌缩波长 λ，反比

例关系。方程 $E=h_0/\lambda$，h_0 宇宙常数。所以，子宇宙黑体部分，含能量场波属性。始终，一圈膨胀和塌缩能场波。

并且，遵循宇宙定律。

譬如，任何黑体部分，沿极限等能场线运动。当然，除额外功效应，导致跃迁现象。并且，除势动能演化，导致螺旋加速。

虽然，普朗克认为，任何黑体辐射部分，应该是孤立的，一份能量粒子。并且，若辐射粒子，含极限频率 γ。那么，一份黑体辐射能量大小，应该是 γ 整倍数。方程 $E=h\gamma$，h 普朗克常量。然而，不过是黑体部分，呈现量粒性。

纵然，任何黑体部分，含波粒二象性。然而，不过是黑体部分，单独活动时，呈现微粒性；大量运移时，呈现波动性。

归根结底来说，任何黑体部分，含场量二象性。并且，遵循宇宙运动定律。

所以，任何黑体部分，像德布罗意粒子，可谓极限能量大小，跟圆球体的，节律膨胀和塌缩频率 γ，正比例关系。方程 $E=h_0\gamma$，h_0 宇宙常数。并且，任何黑体部分，像德布罗意粒子，可谓极限能量大小，跟圆球体的，节律膨胀和塌缩波长 λ，反比例关系。方程 $E=h_0/\lambda$，h_0 宇宙常数。

因为，任何黑体部分，可谓能量状态，不是连续的。当然，光谱线上，对应孤立的，不连续亮系。

既然，无额外功和势动能影响时，一切黑体部分，像德布罗意粒子，沿极限等能场线运动。

那么，对应等能场线，不过是确定的。

像氢原子，一级能量状态。终归，导致负电子，对应等能场线，不过是圆球形，一薄轨道壳，半径 $r=0.53 \times 10^{-10}$ 米。

当然，若氢负电子，被额外功或势动能，干扰影响时。一些活动地方，在等能场线壳内。一些活动地方，在等能场线壳外。最终，看起来云雾似的。

显然，任何黑体部分，在运动范围上，不是随机和概率的。

13、M 理论

　　艾撒克·牛顿认为，在宇宙中，呈现吸引力。譬如，地球吸引力，导致苹果落体运动。譬如，太阳吸引力，导致地球椭圆运动。并且，艾撒克·牛顿相信，遵循经典定律，任何质量体间，可谓吸引力，跟质量乘积，正比例关系；跟距离平方，反比例关系。方程 $F=Gm_1m_2/r^2$。

　　可谓电磁相互作用。或许，电磁场造成的。显然，一种性质的，呈现电荷排斥力；异种性质的，呈现电荷吸引力。譬如，含电荷琥珀，可吸引绸丝；马蹄形磁铁，可驱扫矿粉。并且，电磁相互作用，遵循库仑定律。终归，点荷作用大小，跟电量乘积，正比例关系；跟距离平方，反比例关系。方程 $F=kQ_1Q_2/r^2$。甚至，凭借电磁相互作用，在氢核外，束缚负电子，沿能级轨道，绕核结构运动。像地球体，在太阳系，沿椭圆轨道运动似的。

可谓弱相互作用。显然，看起来短程微渺的。并且，对称性小。包括电荷共振和时空演变，大多遭破坏缺失。甚至，包括奇异和粲底数，不是守恒的。像微原子，导致核衰变，呈放射性现象。譬如，一 β 衰变中子，靠夸克味转化。最终，应该是质子、电子、反中微子。

可谓强相互作用。终归，一种核吸引力，对应范围小，不超过 2.0×10^{-15} 米。像夸克间。凭借强相互作用，可禁闭夸克，不带味和颜色。譬如，像 1 下夸克、2 上夸克，一起组构核质子；像 1 上夸克、2 下夸克，一起组构核中子；像 1 红夸克、1 绿夸克、1 蓝夸克，一起组构重子；像 1 红夸克、1 绿夸克或 1 蓝夸克，1 反红夸克、1 反绿夸克或 1 反蓝夸克，一起组构介子。显然，在宇宙中，无独孤夸克。甚至，在强相互作用下，任何微原子，应该是稳定的。无论中子、质子、电子。最终，在能级轨道线上，无奈徘徊运动的。

科学家泡利认为，不相容原理限定，一方面实粒子，宇宙终极构件，呈 1/2 半整数自旋，像夸克类；一方面虚粒子，传递相互作用力，呈 0、1 或 2 整数自旋，像重能场波子。如果，无虚粒子，传递相互作用力。显然，无限多实粒子，可能混沌紊乱的。宇宙，不能恒稳状态。

下篇

看起来炮弹似的。如果，交换虚粒子。那么，反弹运动中，导致辐射部分，一实粒子，呈运动速度改变。并且，冲撞运动中，导致吸纳部分，一实粒子，呈运动位置改变。最终，导致虚实粒子，传递相互作用力。

既然，不相容原理，束缚实粒子。甚至，在数量上，不限制虚粒子。所以，一定数虚粒子，传递相互作用强弱，应该是自由的。因为，反倒距离远近，由质量决定。当然，若虚粒子，对应质量大。终归，呈现短程效应。或许，零距离时，无限强核作用。当然，若虚粒子，对应质量小。终归，呈现远程效应。或许，零质量时，无限远吸引力。

譬如，像氢原子。或许，靠电磁相互作用力，局限核结构，束缚负电子。虽然，看起来作用力，让外层负电子，允许轨道线上，绕氢核结构运动。然而，不过是负电子，在吸收或辐射能量时，交换 1 自旋，零质量光子，凭借轨道跃迁造成的。

当然，除虚光子。或许，呈 1 自旋的，包括 W^+、W^-、Z^0 玻色子，大概质量 90Gev。

譬如，可谓核衰变中，交换重矢量玻色子，传递弱相互作用力。像钴 60 衰变，$^{60}_{27}CO \rightarrow {}^{60}_{28}Ni + {}^-e + {}^-ve$。既然，一切 ^1_0n 中子，不是稳定的，$^1_0n \rightarrow {}^1_1p + {}^0_{-1}e + {}^-v$。所以，交换 W^- 玻色子，传递弱相互作用，导致夸克类，上下味改变，$d \rightarrow u + {}^-w$；$^-w \rightarrow {}^-e + {}^-ve$。

或许，温伯格－萨拉姆理论，允许电磁和弱相互作用统一。因为，1自旋玻色子，呈破缺对称性。一般状态下，大多数能量，不足100Gev。所以，呈现破缺性。交换虚光子，传递电磁相互作用力；反倒 W^+、W^- 和 Z^0 玻色子，传递弱相互作用力。然而，高能状态下，当超过100Gev时。那么，呈现对称性。导致电磁和弱相互作用形式，看起来近似的。像俄罗斯轮盘。高速旋转时，无论赌球多少，1种滚动状态；低速旋转时，分别陷滚槽中，对应37种状态。

　　虽然，靠1自旋胶子，传递强相互作用力，可禁闭夸克类，不带味和颜色。然而，观测强相互作用，呈渐近自由性的。一般能量级下，单独夸克类，被禁闭耦合。并且，跟橡筋似的。任意夸克间，若距离拉长，对应强相互作用增大；任意夸克间，若距离缩短，对应强相互作用减小。因为，在高能量级下，可谓强核子，对数耗损缺失。所以，无强相互作用力，束缚夸克类。譬如，在加速器中，一高能质子，若超过100Gev。最终，可碰撞反质子，导致夸克逃逸离去。像自由电子。

　　显然，爱因斯坦认为，像GUT理论，允许电磁和强弱相互作用统一。因为，在超高能量级下，可谓强相互作用力，应该是减弱的。并且，无渐近自由性的，可谓电磁和弱相互作用力，应该是增强的。所以，爱因斯坦

相信，一定能量状态下，无论电磁力，不管强弱相互作用，看起来等效的。

当然，可谓 GUT 能量大小，最起码 10^{15}Gev。所以，加速器体积，比地球村大。或许，太阳风范围样子。

况且，在 GUT 理论中，无远程吸引力。因为，一方面 GUT 核心，不确定原理限制的；一方面重能场波子，无普朗克量粒性。

甚至，爱因斯坦认为，长远程吸引力，不过是时空弯曲造成的。

最终，宇宙弦理论，水涡稻草似的。

1968 年，物理学家维尼齐亚认为，宇宙终极部分，不是微粒子。反倒弦结构模样，无限制细长。

1981 年，物理学家维伦金认为，开弦线形的，可衔接封合；闭弦环形的，可断裂延长。

并且，宇宙弦理论认为，若吸收能量，导致弦伸拽拉长；若释放能量，导致弦蜷曲缩小。

甚至，遵循弦定律，持续时空面积最小。

宇宙弦理论认为，一方面来说，可谓弦振荡和波动时，传递能量场粒子。所以，宇宙终极构件，应该是弦波动形成的。终归，包括实费米子。譬如，像夸克和轻子。当然，包括虚玻色子。譬如，像 W^+、Z^0 和光子。

宇宙弦理论认为，一方面来说，可谓弦断接和碰撞时，传递相互作用力。所以，开弦断端点，不妨想象电荷对，分别是正负粒子。在断接中，传递电磁力。那么，闭弦碰撞点，不妨想象微粒对，分别是正反波子。在湮灭中，传递吸引力。

终归，宇宙弦理论认为，不管虚实粒子，无论相互作用，可终极统一。

然而，宇宙弦理论，依赖时空高维系。或许，最起码 10 维样子。虽然，爱因斯坦相信，时空四维体的。

并且，宇宙弦理论认为，在 10^{-33} 厘米，普朗克范围中，大多数维系，不过是隐藏缠卷的。

甚至，任何额外维度，可谓缠绕和蜷曲样子，不是确定的。

最终，导致弦振动和碰撞形式，无限多样的。

所以，宇宙弦理论，允许相互作用、虚实粒子，无限多种类的。

况且，遵循弦定律，持续时空面积最小。所以，无额外能量，去牵引和扯拽时。那么，不难想象弦结构，在 10^{-33} 厘米，普朗克范围中，应该是圆球体状的。如果，依据弦理论观点，靠强额外能量，牵拽弦圆球体。纵然，一份额外能量，无限制强大。然而，像黑洞样。无限强能场中，不难想象弦圆球体，反倒限定的。归根结底来说，持续圆球面积最小，无法拽细和拉长。

显然，宇宙弦理论中，无相互作用和虚实粒子。

因为，无限强额外能量，束缚弦振动，无法辐射粒子。并且，无限强额外能量，束缚弦碰撞，无法相互作用。

或许，宇宙 M 理论，包容性大，可装载弦结构、点粒子、超引力。并且，允许时空 11 维度。甚至，无穷额外维蜷缩形式，可致 10^{500} 种类的，宇宙模型和规律。

然而，归根结底来说，可谓 M 理论，玄虚味道浓郁。

或许，子宇宙圆球体，下层级结构部分，无限割裂解离的。然而，在普朗克尺度，大抵 10^{-33} 厘米中，一概禁闭限定的。所以，任何种类的，子宇宙圆球体，不妨想象是宇宙的，一最终极部分。

既然，子宇宙圆球体，允许极限能量，不是相等的。所以，在特征性上，可多种类的。譬如，像自旋形式。因为，一切夸克和轻子，对应极限能量强。所以，1/2 半整数自旋形式，称实费米子。因为，一切 W^+、Z^0 和光子，对应极限能量弱。所以，1 整数倍自旋形式，称虚玻色子。

显然，在宇宙中，任何微渺粒子，可终极统一。

归根结底来说，称极限能量，不相等的，子宇宙圆球体。

当然，包括 M 理论粒子。

一方面来说，任何种类的，子宇宙圆球体；任何种类的，子宇宙集合。终归，含场量二象性。譬如，像量粒性部分。纵然，无论能量多少。既然，子宇宙圆球体或集合，不过是能量点。显然，子宇宙圆球体或集合，可谓极限能量 E，跟圆球体的，节律膨胀和塌缩频率 γ，正比例关系。方程 $E=h_0\gamma$，h_0 宇宙常数。譬如，像场波性部分。纵然，不管体积大小。既然，子宇宙圆球体或集合，不过是能场波。显然，子宇宙圆球体或集合，可谓极限能量 E，跟圆球体的，节律膨胀和塌缩波长 λ，反比例关系。方程 $E=h_0/\lambda$，h_0 宇宙常数。

并且，遵循宇宙定律。除额外功效应，导致跃迁现象。除势动能演化，导致螺旋加速。终归，任何种类的，子宇宙圆球体；任何种类的，子宇宙集合。始终，沿极限等能场线运动。

所以，像 M 理论的，可谓相互作用力。譬如，包括强弱相互作用、电磁和吸引力。因为，遵循宇宙定律。终归，应该是极限能量，不相等的，子宇宙圆球体。甚至，应该是极限能量，不相等的，子宇宙集合。始终，沿极限等能场线，无奈徘徊运动结果。显然，不过是运动属性。

归根结底来说，在宇宙中，无相互作用力。

譬如，看起来点荷间，呈电磁相互作用。一种性质的，呈现电荷排斥力；异种性质的，呈现电荷吸引力。或许，遵循库仑定律，点荷作用大小，跟电量乘积，正比例关系；跟距离平方，反比例关系。方程 $F=kQ_1Q_2/r^2$。像氢原子，

凭借电磁相互作用力，束缚氢核结构，跟外层负电子。始终，让外层负电子，允许轨道上，绕氢核结构运动。纵然，一次性吸收或辐射能量时，交换 1 自旋的，零质量光子，导致跃迁现象。然而，不过是氢原子，一次性吸收或辐射能量。导致负电子，对应极限能量，不连续改变。最终，在跃迁的，对应轨道上，绕氢核结构运动。显然，归根结底来说，应该是氢原子，一级能量状态。导致负电子，沿极限等能场线运动。当然，一种运动属性。如果，含电磁相互作用力。那么，不难想象负电子，呈加速度，沿螺旋轨道坠落。终归，被氢核噬灭。

譬如，看起来核素间，呈弱相互作用。或许，可能是短程微渺的。并且，对称性小。包括电荷共振和时空演变，大多遭破坏缺失。甚至，包括奇异和粲底数，不是守恒的。像钴原子，凭借弱相互作用力，交换 1 自旋的，重矢量 W^- 玻色子，导致核衰变。方程 $^{60}_{27}Co \rightarrow {}^{60}_{28}Ni + e^- + \bar{v}e$。因为，一切 ^1_0n 中子，不是稳定的，$^1_0n \rightarrow {}^1_1P + {}^0_{-1}e^- + \bar{v}$。最终，上下夸克味改变，$d \rightarrow u + w^-$，$w^- \rightarrow {}^- e^- + \bar{v}e$。然而，不过是钴原子，一旦核衰变。导致夸克类，对应极限能量，不连续改变。一 d 味夸克，靠能量损失，在跃迁的，对应轨道上，呈 u 味夸克运动。显然，归根结底来说，应该是钴原子，一级能量状态。导致夸克类，沿极限等能场线运动。当然，一种运动属性。如果，含弱相互作用力。那么，不难想象 d 夸克，呈加速度，沿螺旋轨道坠落。终归，被 u 夸克噬灭。

譬如，看起来夸克间，呈强相互作用。或许，一种核吸引力。对应范围小，不超过 2.0×10^{-15} 米。可禁闭夸克，不带味和颜色。像 1 下夸克、2 上夸克，一起组构核质子；像 1 上夸克、2 下夸克，一起组构核中子。虽然，在高能量级下，可谓强核子，对数耗损缺失，无法控制夸克。终归，一般能量级下，跟橡筋似的。任意夸克间，若距离拉长，对应吸引增强；任意夸克间，若距离缩短，对应吸引减弱。像颜夸克类。交换 1 自旋胶子，传递强相互作用力。像 1 红夸克、1 绿夸克、1 蓝夸克，一起组构重子；像 1 红夸克、1 绿夸克或 1 蓝夸克，1 反红夸克、1 反绿夸克或 1 反蓝夸克，一起组构介子。然而，归根结底来说，小尺度里面，子宇宙夸克集合。像微重子，包括 1 红夸克、1 绿夸克、1 蓝夸克，分别沿极限等能场线，对应轨道运动的；像微介子，包括 1 红夸克、1 绿夸克或 1 蓝夸克，1 反红夸克、1 反绿夸克或 1 反蓝夸克，分别沿极限等能场线，对应轨道运动的。当然，一种运动属性。如果，含强相互作用力。那么，不难想象夸克集合的，一切结构部分，呈加速度，沿螺旋轨道坠落。最终，交错缠绕湮灭。

譬如，看起来星球间，呈现吸引力。或许，一种远程效应。在宇宙中，无限多星系、气体、尘埃、恒星、黑洞、

反物质和暗能量。凭借吸引力，一概运动的。像地球吸引力，导致苹果落体运动；像太阳吸引力，导致地球椭圆运动。并且，无论渺粒子，不管超星团。甚至，像星团和粒子。遵循经典定律，任何质量体间，可谓吸引力，跟质量乘积，正比例关系；跟距离平方，反比例关系。方程 $F=Gm_1m_2/r^2$。像太阳系。交换 2 自旋能场波子，传递吸引力，束缚星体类，允许轨道上，绕太阳运动。然而，归根结底来说，大尺度里面，子宇宙恒星集合。像太阳系，包括月亮、地球、天王星，分别沿极限等能场线，对应轨道运动的；像太阳系，包括泰坦、哈雷、特洛伊，分别沿极限等能场线，对应轨道运动的。当然，一种运动属性。如果，含远程吸引力。那么，不难想象恒星集合的，一切结构部分，呈加速度，沿螺旋轨道坠落。最终，交错缠绕湮灭。

一方面来说，任何种类的，子宇宙圆球体；任何种类的，子宇宙集合。终归，含时空二象性。譬如，像时间性部分。既然，任何种类的，子宇宙圆球体或集合。始终，沿极限等能场线移动。当然，呈轴线形，从过去、经现在、朝将来，一概流逝的。显然，呈现运动中，一种顺序和连续性。甚至，除时间速度快慢外，不倒逾和停止。譬如，像空间性部分。既然，任何种类的，子宇宙圆球体或集合。始终，沿极限等能场线波动。当然，呈辐射状，从核心、经四面、朝八方，一概拓延的。显然，呈现运动中，一种拓阔和延伸性。甚至，除空间尺度短长外，无乾坤和维度。

并且，遵循宇宙定律。任何种类的，子宇宙圆球体；任何种类的，子宇宙集合。终归，极限能量 E，跟时间速度，整 1 次方，正比例关系；跟空间尺度，根 3 次方，反比例关系。

所以，像 M 理论的，可谓时空高维度。譬如，无穷额外维蜷缩形式，可致 10^{500} 种类的，宇宙模型现象。因为，遵循宇宙定律。终归，应该是极限能量，不相等的，子宇宙圆球体。甚至，应该是极限能量，不相等的，子宇宙集合。最终，呈异常时空现象。显然，不过是时空属性。

归根结底来说，在宇宙中，无时空 11 维度。

譬如，1987 年 7 月 31 日，临傍晚时分，在瓦砾角湖面上，15 岁大小，芬兰男孩子，驾驶摩托艇，朝栗埃斯塔村游弋。大概 20 点 40 分，小摩托艇，被雾球笼罩。导致男孩子，在幽暗寂静中，不能呼吸活动。为摆脱雾云，小男孩子，急驾摩托艇，希望逃逸离去。虽然，一眨眼功夫，当雾球消失，发现摩托艇，离瓦砾角码头，不超过数拾海里。然而，摩托艇打表，竟数百海里远。况且，小男孩腕表，反映时间长，已 8 月 1 日的，早晨 4 点 10 分。显然，大概数刻钟的，可谓地球时间。对雾罩男孩来说，

应该是数钟头。并且，大概数拾海里的，可谓地球空间。对雾罩男孩来说，应该是数百海里。当然，归根结底来说，依据时空定律知道，在球状雾云中，子宇宙芬兰男孩集合的，极限能量 E，若增强 8 倍。那么，对应时间速度，可谓 8 倍增快。纵然，对应空间尺度，可谓 $1/8^3$ 减小。终归，导致运动时间，顺续流逝数 $n_{时}$，对应 8 倍增多。导致运动空间，拓延距离数 $n_{距}$，反倒 8 倍增多。最终，呈时间增快现象。甚至，呈空间拓远现象。

譬如，1981 年 4 月 20 日，傍晚 6 时分，乔治·赖默思驾车，去巴西林赫栗斯市。在 BR101 路段上，被烟雾笼罩。导致赖默思，无法呼吸动弹。最终，反倒漂浮状态。虽然，乔治·赖默思认为，持续时间短，不过数钟头。并且，飞逸空间近，不过数拾公里。甚至，当摆脱雾障时，乔治·赖默思腕表，反映时间短，不过是 4 月 20 日。然而，警察局鉴定，失踪 5 昼夜；迁移 600 英里。因为，发现赖默思时分，在 4 月 25 日；发现赖默思地点，在吉奥城区。显然，大概 5 昼夜的，可谓地球时间。对赖默思来说，应该是数钟头。并且，大概 600 英里的，可谓地球空间。对赖默思来说，应该是数拾公里。当然，归根结底来说，依据时空定律知道，在浓密雾云中，子宇宙赖默思集合的，极限能量 E，若减弱 12 倍。那么，对应时间速度，可谓 $1/12$ 减慢。纵然，对应空间尺度，可谓 12^3 倍增大。终归，导致运动时间，顺续流逝数 $n_{时}$，对应 1/12 减少。导致运动空间，拓延距离数 $n_{距}$，反倒 1/12 减少。最终，呈时间减慢现象。甚至，呈空间缩近现象。

显然，宇宙终极部分，不是弦结构，反倒圆球体状态。

并且，在宇宙中，任何微渺粒子，可终极统一。

归根结底来说，称极限能量，不相等的，子宇宙圆球体。

当然，包括 M 理论粒子。虽然，像夸克和轻子，1/2 半整数自旋的，称实费米子。纵然，像 W^+、Z^0 和光子，1 整数倍自旋的，称虚玻色子。终归，应该是极限能量，不相等决定的。

甚至，像 M 理论的，可谓强弱相互作用、电磁和吸引力。终归，应该是极限能量，不相等的，子宇宙圆球体。并且，应该是极限能量，不相等的，子宇宙集合。始终，沿极限等能场线，无奈徘徊运动结果。显然，不过是运动属性。

所以，宇宙中，无强弱相互作用、电磁和吸引力。当然，无相互作用统一。

虽然，宇宙 M 理论，依赖时空高维度。或许，最起码 11 维样子。

然而，任何种类的，子宇宙圆球体；任何种类的，子宇宙集合。终归，含时空二象性。譬如，在时间性上。

下篇

YUZHOU

始终，呈轴线形，从过去、经现在、朝将来，一概流逝的。并且，除时间速度快慢外，不倒逾和停止。譬如，在空间性上。始终，呈辐射状，从核心、经四面、朝八方，一概拓延的。并且，除空间尺度短长外，无乾坤和维度。

所以，宇宙中，无时空维度。当然，无 11 维概念。

纵然，宇宙 M 理论认为，无穷额外维蜷缩形式，可致 10^{500} 种类的，宇宙模型和规律。

宇宙，不过是数量上，无限制多的，子宇宙圆球体，分层级构成的。

显然，任何位置上，宇宙结构部分，一概是均匀的。并且，任何朝线上，宇宙结构部分，一概是等性的。甚至，任何钟点上，宇宙结构部分，一概是均等的。

归根结底来说，宇宙，无限、均匀和等性的。

终归，不过是 $E=h_0\gamma$，h_0 宇宙常数。